U0258852

太和香椿

主　编　刘小丽　阜阳师范大学
　　　　王国枢　太和县自然资源和规划局

副主编　张　洁　太和县苗老集林业站
　　　　于中柱　太和县自然资源和规划局

编　委　王克来　太和县自然资源和规划局
　　　　李晓静　太和县自然资源和规划局
　　　　任莉萍　阜阳师范大学
　　　　赵　胡　阜阳师范大学
　　　　谭凤彪　太和县自然资源和规划局
　　　　刘　标　太和县自然资源和规划局
　　　　王　锐　太和县自然资源和规划局
　　　　刘超峰　安徽省昊源林业有限责任公司
　　　　陈阿娟　太和县自然资源和规划局

中国科学技术大学出版社

内 容 简 介

　　本书立足历史悠久的优质香椿产地——安徽省阜阳市太和县,详细介绍了太和香椿的发展史。既是关于地方特色的说明书,也是香椿知识的百科全书。内容包括太和香椿的概述,香椿文化,香椿的材用、食用及药用价值,太和香椿的栽培技术、有害生物防治,香椿的化学成分、生物活性及分子生物学研究,太和香椿的生物组学研究,并对太和县香椿产业现状及发展前景进行了探讨。

　　本书适合从事香椿生产、食品加工、药用等的农业技术人员、食品、药品开发人员、相关科研人员等参考使用。

图书在版编目(CIP)数据

太和香椿/刘小丽,王国枢主编. —合肥:中国科学技术大学出版社,2023.8
ISBN 978-7-312-05738-0

Ⅰ.太…　Ⅱ.①刘…②王…　Ⅲ.香椿—研究　Ⅳ.S644.4

中国国家版本馆 CIP 数据核字(2023)第 123512 号

太和香椿

TAIHE XIANGCHUN

出版	中国科学技术大学出版社
	安徽省合肥市金寨路 96 号,230026
	http://press.ustc.edu.cn
	https://zgkxjsdxcbs.tmall.com
印刷	安徽省瑞隆印务有限公司
发行	中国科学技术大学出版社
开本	710 mm×1000 mm　1/16
印张	8.75
插页	4
字数	190 千
版次	2023 年 8 月第 1 版
印次	2023 年 8 月第 1 次印刷
定价	56.00 元

序

  香椿,古人称"椿",香者名椿,集间韵作敦,夏书作杶,左传作櫄。《庄子·逍遥游》中有:"上古有大椿者,以八千岁为春,八千岁为秋。"宋代《本草图经》记载:"椿木实而叶香,可啖"作为安徽省名特产品之一的太和香椿,因"肥嫩、香味浓、油汁厚、叶柄无木质、清脆可口"而驰名中外。本人自 2007 年关注太和香椿后发现,虽其名声在外,但在种植、保鲜与深加工技术方面还属于传统的作坊模式,规模效益尚未体现,深具开发潜力。鉴于此,借太和香椿美誉之名,2015 年在阜阳师范大学,本人与郭上富博士联合发起举办了第一届海峡两岸香椿生物技术研讨会,并有幸请到了高雄医学大学香椿大师许胜光教授、天津科技大学刘常金教授和王赵改教授等多位研究香椿的专家学者与众多的企业家参会,这也算是搭建了一个交流的平台,为后来中国经济林协会香椿分会、椿树国家创新联盟的成立奠定了基础。

  在习近平总书记"绿水青山就是金山银山"的理念指导下,近年来太和县利用资源优势,以市场为导向,以发展特色经济为抓手,把香椿作为县域经济支柱产业之一,在育苗、育种、栽培、种质资源的保护利用以及产业化开发、高附加值等方面都有了迅猛的发展。刘小丽女士是中国科学院植物研究所博士、中国医学科学院药用植物研究所博士后,是阜阳师范大学早期引进人才,主要从事植物生理及植物分子生物学研究,此次与太和县自然资源和规划局王国枢研究员共同编著了《太和香椿》,对太和香椿的品种、种植、病虫害防治等方面进行了调研与总结,倾注了大量的心血,最终成稿,在此表示祝贺。希望此书的出版能为太和香椿的发展与腾飞注入新的活力,也希望更多的人参与到太和香椿的研究与开发中,把香椿产业做大做强。

2023 年 5 月

i

前　　言

太和香椿是安徽省阜阳市太和县的特产。太和县香椿是安徽省名特产品，相传已有一千多年的历史。《太和县志》对太和椿芽有如下记载："肥嫩、香味浓、油汁厚、叶柄无木质，清脆可口。"尤以谷雨前椿芽品质优良，芽头鲜嫩，色泽油光，肉质肥厚，清脆无渣而被称为"太和椿芽"，佳誉驰名中外。2020年9月，太和香椿入选"2020年第二批全国名特优新农产品名录"。

太和香椿，历史悠久，唐朝时曾用此物作贡礼。清代状元祝顺昌曾有"天下好椿出颍水"的赞言。乾隆四十年春，纪晓岚受学生祝顺昌之托，将十坛太和腌制椿芽进献乾隆皇帝。乾隆品尝后，赞不绝口，点为"贡椿"，从此太和香椿名扬天下。安徽太和自古就有"香椿之乡"的美誉。

目前太和香椿在育苗、育种、栽培、种质资源的保护利用以及产业化开发、高附加值等方面都有了迅猛的发展。随着生物技术的发展，对太和香椿的研究已经进入分子生物学水平，由阜阳师范大学牵头，首次完成了香椿全基因组测序工作，对香椿分子育种、品质提升和后期优良香椿品种的推广提供了理论基础。

本书由阜阳师范大学与太和县自然资源和规划局合作完成。书中总结了编者在长期工作中的经验积累，同时包含了高科技带来的研究新成果。内容包括太和香椿的概述，香椿文化，香椿的材用、食用及药用价值，太和香椿的栽培技术，有害生物防治，香椿的化学成分、生物活性及分子生物学研究，太和香椿的生物组学研究，并对太和县香椿产业现状及发展前景进行了探讨。本书适合从事香椿生产、食品加工等的农业技术人员、食品和药品开发人员、相关科研人员等参考使用。

本书在编写过程中，得到了多位专家的大力支持。阜阳师范大学屈长青教授为本书写了序。安徽农业大学束庆龙教授，中国林业科学院亚热带林业研究所刘军研究员，安徽省林业科学院胡一民研究员、刘俊龙研究员，阜阳师范大学金继良教授、蔡健教授对本书的编撰提出了指导意见。阜阳市林业局原局长李文化题写书名。阜阳师范大学研究生李鑫瑶、王煜金、王丽参与了资料查找、整理，本科生葛雨参与了图片修整等工作，在此一并表示诚挚的谢意！

此外，本书还获得了以下基金项目的支持：2020 年安徽省科技重大专项项目(202003a06020020)；安徽省教育厅自然科学研究重点项目(KJ2020A0545)；省级线上线下混合式一流课程建设项目(2021xsxxkc211)；省级线下一流课程建设项目(2020kfkc383)；安徽省高校协同创新项目子项目(GXXT-2019-049)。

尽管我们非常努力，但由于编者的水平有限，加之时间仓促，可能存在不足之处，恳请专家和读者批评指正。

编　者

2023 年 6 月

目　　录

第一章 太和香椿概述

第一节 太和县基本情况

太和，古名鹿上、邢丘、廪丘，阜阳市辖县，位于安徽省西北部，处于黄淮海平原腹地，属古黄河冲积平原。南距阜阳市 40 km，北靠亳州市，东连涡阳、利辛两县，西邻界首市，西北与河南省郸城县接壤，现有 31 个乡镇，1 个省级经济开发区，总人口 178.3 万人，全县面积 1867 km²。地理坐标：东经 115°25′～115°55′，北纬 33°04′～33°35′。境内地面坡降较缓，地形地势平坦。西北高、东南低。海拔为 32～36 m。太和县气候属温带半湿润季风气候，四季分明，雨量适中，无霜期长，具有从温带向北亚热带渐变的过渡带气候特征。年均气温为 14.9 ℃，年均无霜期为 220 天；年均日照时数为 2444.3 小时；常年平均降水量为 900 mm。县境内有沙颍河、黑茨河、界洪河、谷河等中小河流 30 多条。水系主要分为沙颍河水系、茨河水系和西淝河水系。太和县境内砂礓黑土分布较广，其次分布飞沙、沙土、两合土、潮土。在河间平原地区，依次分布着厚淤黑土、薄淤黑土、挂淤黑土和砂礓黑土，适宜多种林木和农作物生长。太和区位优势明显，交通便利，地处中原经济区和长江经济带交叉辐射区域，有 105 国道、329 国道、京九铁路、商合杭高铁（在建）、济广高速纵贯南北，漯阜铁路、南洛高速横跨东西，沙颍河水运通江达海。与阜阳、郑州构成半小时交通圈，与合肥、南京构成 3 小时交通圈。未来 3 小时可到上海、杭州、武汉，4 小时可达北京、广州、西安。

太和县是全国农村税费改革发源地、全国粮食生产先进县、全国平原绿化先进县、全国商品粮基地、中国书画艺术之乡、"中国民间文化艺术之乡"、"中华诗词之乡"、全国体育先进县、全国广播电视先进县。

太和县产业众多，特色独具。经过多年发展，培育了医药、发制品、有色金属再生、木材、筛网、绳网、纺织、中药材、粮食、红薯粉等一批闻名全省全国的专业市场，兴起了医药、发制品、有色金属再生、木材、农副产品加工、筛网、绳网、中药材八大特色产业，形成了农药、发制品、有色金属再生、木材、农副产品加工五大支柱产业，建设了经济开发区、城关工业园、肖口循环经济园"一区两园"三大经济板块，是皖西北最大的木材购销集散地，是全国较大的发制品购销加工、筛网加工、绳网加工和桔梗生产加工出口基地之一。太和县有闻名全国的土特产——"四宝"，分别是香椿、樱桃、桔梗、薄荷，而香椿位列"四宝"之首。

第二节　香椿简介

香椿〔*Toona sinensis*（A. Juss.）〕又名红椿、椿头树、油椿树等，是楝科（Meliaceae）香椿属（Toona）的一种。在我国，香椿的嫩芽、嫩叶是人们传统喜食的木本蔬菜。其原产于中国，分布在华北、华中、华南和西南地区，安徽、山东、河南、河北、四川、湖北、山西、陕西等省栽培较多，其中安徽太和、山东邹县、河南焦作、四川大竹等为著名香椿产区。

香椿为落叶乔木，香椿树干高大，一般高 15～25 m，材色呈浅红色至深红褐色，材质致密、坚硬，是很好的用材树种。羽状复叶，小叶对生或近对生，为 9～14对，为披针形，叶端锐尖，幼叶呈紫红色或红褐色，夏季叶呈绿色。圆锥花序，5 月底至 6 月底开花，花期 20 d 左右，深褐色果实为木质蒴果，椭圆形，种子上端有膜质长翅，种粒小，发芽率低，含油量高，油可食用。

香椿全身是宝，其香椿芽、香椿叶、树根、树皮及果实应用历史悠久，具有确切的药效。现代研究表明，香椿所含化合物的种类丰富，具有抗炎、抗氧化、降血脂、抑制 SARS 冠状病毒等多种功效，其种子、树皮及根皮也具有较高的药用价值，是一种开发前景良好的药食同源植物。

香椿的嫩叶和嫩芽香味浓郁、味道鲜美，有丰富的营养价值。研究表明，香椿芽中含有丰富的蛋白质、维生素等多种营养物质，可以鲜食、煮茶、入药，是重要的木本蔬菜，也被称为"森林蔬菜"。香椿芽入口清新、香浓，可健脾开胃，增加食欲，是一道独特的时令调味小菜。香椿芽含有 17 种氨基酸、黄酮、多酚等，具有保肝、降血压、降血糖、抗衰老、预防心血管病等作用，其抗氧化性在 150 种蔬菜中居首位。独特的挥发性气味可健脾开胃，增加食欲。

香椿材质好，木材呈黄褐色且有红色环带，纹理美丽，质坚硬，有光泽，耐腐力强，不翘不裂，不变形，易加工，是高档家具、室内装饰及造船的优良木材，素有"中国桃花心木"之美誉。

香椿树龄达到 10 年以后,如养护不当,易患流胶病。流胶病的病因有多种,具体表现为香椿树体上流出琥珀状的油脂胶质。椿油胶性寒、味苦涩,可入中药,能清热解毒、消炎去肿、祛腐生肌,还可用于治疗疮疖,排脓化淤。因此,香椿胶是优质的化工、医药保健原料,具有很好的开发前景。

第三节 太和香椿种质资源

太和香椿,种质资源丰富,栽培历史悠久,是在当地独特的生态条件下长期形成的,经自然杂交和人工年复一年培育的众多的农家品种或无性系。依据香椿初出嫩芽和幼叶的外部特征(果实有明显区别),太和香椿的无性系、品种类型共有 9 个,但众说不一。直到 2019 年才有了统一的分类名称:1983 年,太和县苗圃主任王士德在太和县沙颍河两岸筛选出黑油椿、红油椿、青椿、水椿、黄罗伞、米尔红、柴狗子、红毛椿、青毛椿等 9 个品种。水椿以其外观肥厚多汁、口感鲜嫩为椿芽之上品。青椿椿芽外形较为瘦小,口感香味稍淡。2014 年,太和县林业局香椿课题组在对太和香椿良种进行审定复选时,经过调查和论证,对太和香椿地方品种名称进行了修正。2019 年,申报太和香椿良种时,我们把水椿命名为"太和青油椿",与太和黑油椿、太和红油椿一起作为候选良种进行申报,并顺利通过安徽省林木良种审定委员会的审定,由此,太和香椿品种类型或无性系分别是太和黑油椿、太和红油椿、太和青油椿(水椿)、太和青椿、太和黄罗伞、太和米尔红、太和柴狗子、太和青毛椿、太和红毛椿等,其中以太和黑油椿、太和红油椿、太和青油椿为优良品种,尤以太和黑油椿品质为最佳。

当前太和黑油椿、太和红油椿、太和青油椿作为安徽省省级良种正在积极申报国家级良种。

太和县香椿种植面积总计约为 4 万亩(1 亩≈666.7 平方米),活立木蓄积量为 $1.8×10^5$ m³,椿芽年产量为 1200 t 左右。太和香椿的栽培主要分布在沿沙颍河两岸的河床冲积滩涂与沙淤的沙壤土和两合土的区域,该土壤通透性好,适宜香椿根系生长发育。该区域年降雨量大于太和北部其他地区 20～30 mm,为 900 mm 左右。传统的栽培区域为肖口、大新、税镇、旧县、城关、赵集以及阜阳颍泉区三义集等七个乡镇。太和县其他乡镇也广有栽培,只不过椿芽的品质稍次,但材质却是一流。

太和县沙颍河两岸,因其独特的地理条件和适宜的气候环境,造就了太和椿芽营养丰富,芳香馥郁,色艳、油质厚、叶柄无木质、脆嫩多汁等品质,使太和香椿芽成

为太和县地标产品,并被阜阳市列为非物质文化名录。

太和椿芽的采收节令性强,要求严,一般采收两次。青壮年树,清明前后首次采摘,称头茬椿芽,其脆嫩无比,产量低,价值高。谷雨前后采收第二次,产量高,品质稍次,价值不如雨前椿芽。香椿树最佳树龄为5～10龄。古树香椿为最佳精品,但由于树体高大,椿芽长成较晚,谷雨前采摘的幼芽为上上品,其芽头鲜嫩,色泽油光,肉质肥厚,脆无木渣,味道最佳,但产量极低。

露地栽培的太和香椿,椿芽首茬采收在每年的清明前后,这是因为当时气温较低,香椿的有害生物还没发生。在夏季采食椿叶时,病虫害也不多,无须打药防治,所以太和香椿是一种无公害、无污染、纯天然的绿色食品,是太和及周边地区人们喜食的美味佳肴。太和香椿在国内外销售市场很受欢迎,成为太和县经济价值较高的土特产之一。

2022年5月,太和县自然资源和规划局高级工程师王国枢、阜阳师范大学副教授刘小丽与安徽农业大学曹翠萍教授团队合作,对太和香椿种质资源进行调查研究,通过对太和黑油椿几个优株的DNA指纹进行分析,结果发现,它们之间存在明显的差异,也就意味着它们的遗传性不同,可以在种内或种间杂交育种,选育出后代性状表现良好的新品种,达到种质创新,实现了太和香椿育种新突破。

第四节　太和香椿的无性系、品种类型及栽培分布

太和香椿9个无性系(品种)的外部特征、经济价值及其栽培分布如下。

一、太和黑油椿

树冠开张,树皮纵裂较深,黑褐色,呈条状纵裂和片状脱落;树干和大枝隐芽部位有瘤状突起;萌芽力强,抽枝短而粗壮(图1-1)。清明节前,嫩枝为青绿色;叶柄扁平,叶轴基部光腿较短,正面为淡紫色,背面为绿色;叶矩圆状披针形,不对称,多向一边弯曲;叶长约为14 cm,小叶数为9～14对,先端尖,基部宽大,叶缘锯齿波浪状较浅,叶质厚而硬;嫩芽呈褐色,芽尖端为暗紫褐色,有光泽,椿苔和叶轴向阳面呈紫红色,背面为绿色;花为复总状花序,白色,花期约为25 d。太和黑油椿果实(图1-2)为木质蒴果,长橄榄形,两端渐尖,横径为9～13 mm,纵径为19～30 mm。每果有种子9～15粒,种子呈椭圆形,扁平,上端有膜质长翅。

太和黑油椿主要分布在太和县沿沙颍河段的肖口、大新、税镇、旧县、城关、赵集以及颍泉区的三义集等地。

图 1-1　太和黑油椿

图 1-2　太和黑油椿果实

主要经济性状：每个椿芽有叶 9～11 片，冠约为 21 cm，颈粗为 1 cm，长为 7 cm，单株产量高，5 年大树头茬可采椿芽约 7.5 kg；本品种香气浓，油脂含量高，脆嫩多汁，口感极佳，丰产稳产，适宜菜用；种子含油量高，油可食用。2019 年 12 月，太和黑油椿通过安徽省林木良种审定委员会审定。

二、太和红油椿

长势较强,树冠开张,树皮纵裂较深,呈红褐色,呈条状纵裂和片状脱落,1～2年生小枝为紫褐色(图1-3)。芽初放时为鲜红色,后(清明节前)渐变为紫红色,光泽油亮,粗壮肥嫩,小叶为9～14对,披针形,均长为15 cm,宽为6 cm,叶柄扁粗而短,正面微红,叶轴基部光腿较短。叶正面顶端呈微红色,下端为绿色。背面呈浅紫红色,无茸毛,叶缘浅锯齿。5月中旬开花,花为复总状花序,白色,花期约为25 d。果实(图1-4)较大,呈椭圆形,末端圆钝,横径为10～14 mm,纵径为18～32 mm,种子10月中旬成熟,每果有种子9～15粒。

图1-3 太和红油椿

图1-4 太和红油椿果实

太和红油椿主要分布在太和县沙颍河右岸的大新镇张玉皇庙等地。

主要经济性状:椿芽长为 13 cm,芽颈粗度为 0.6 cm,每芽有叶 13～15 片,芽冠为 18 cm。单芽重 16～18 g,每芽有叶 13～15 片,5 年生大树头茬可采香椿芽约 8 kg。油脂含量高,香气浓郁,适应性强,易栽培,适宜菜用。2019 年 12 月,太和红油椿通过安徽省林木良种审定委员会审定。

三、太和青油椿

树木长势强,分枝角度小,小枝呈青灰色,嫩枝为青绿色,成年树主干表皮呈银灰褐色,条状浅裂。芽呈紫红色,之后(清明前)渐变为青绿色,尖端微红、油亮,叶柄呈橙红色。起薹明显,嫩芽基部稍彭大,椿芽肥厚,香味稍淡。复叶正面为嫩绿色,背面为浅绿色,顶端为微红色。叶缘或叶先端有浅锯齿,叶形较为对称,叶缘有粗锯齿,呈淡绿色,叶质薄;叶长约为 13 cm,小叶为 9～14 对,叶柄扁平。5 月中下旬开花,花为复总状花序,白色,花期约为 25 d。10 月中旬果熟,果实呈卵圆形,横径为 10～14 mm,纵径为 19～25 mm,每果有种子 6～12 粒(图 1-5)。

图 1-5　太和青油椿及果实

太和青油椿主要分布在太和县税镇、旧县等地。目前该无性系资源正在逐渐减少,需要保护。

主要经济性状:产芽量高,椿芽肥厚、脆嫩,芽多汁,不易老化。4 月采摘季时,香椿芽长为 15 cm,颈粗度为 1 cm,每芽有小叶 13～15 片,香椿芽冠径为 20 cm,单株每年可采香椿芽 5～7 kg,基部稍大。树干通直,萌芽力强,分枝角度小、树冠高大紧凑,适宜菜材两用。2019 年 12 月,太和青油椿通过安徽省林木良种审定委员会审定。

四、太和青椿

生长势较强,树干直立,分枝角度小,树皮为银灰色,纵裂较浅。清明节前,嫩芽呈褐绿色,有光泽,基部叶为鲜绿色,起薹明显,嫩芽基部稍彭大,椿芽较瘦,叶为青绿色,叶片较薄。叶梗向阳面呈红褐色,背阳面呈青绿色。果实呈椭圆形,两端微尖、对称,横径为 11～13 mm,纵径为 27～30 mm。树冠紧凑,分枝角度不大,树干通直圆满,适宜材用(图 1-6)。

图 1-6　太和青椿及果实

太和青椿主要分布在太和县赵集乡龙口到界牌一带,目前该无性系只有少量散生,需要进行保护。

五、太和黄罗伞

树势生长旺盛。分枝角度大,树冠开张,材质较好,速生。清明前,嫩芽呈黄绿色,小叶薄而软,为红褐色或黄褐色。长为 17 cm,宽为 6 cm,叶近全缘,叶梗扁而瘦,向阳面呈黄褐色,背阳面为黄绿色。芽初放时叶梗处呈淡红黄色,之后逐渐变为橘黄色,有光泽。叶轴展开角度大,形状似伞,故名黄罗伞(图 1-7)。果实小,呈卵圆形,横径为 9～12 mm,纵径为 16～20 mm。树干通直圆满,适宜材用。

太和黄罗伞主要分布在太和县赵集乡界牌、王寨一带,目前只有少数地方有散生分布,需要进行保护。

图 1-7　太和黄罗伞及果实

六、太和米尔红

树势弱,萌芽力强,成枝率高,枝细而硬,分枝角度小,树冠紧凑,材质好,生长慢。小枝呈紫褐色,清明前,嫩枝为紫红色。小叶深绿,较厚,叶柄较短,边缘有重锯齿,叶较对称,长为 10 cm,宽为 4.5 cm。芽呈玫瑰红色,色泽鲜艳,瘦弱。果实为倒卵圆形或卵形,横径为 10～14 mm,纵径为 19～26 mm,基部渐尖。树干通直圆满,适宜园林绿化和用材(图 1-8)。

图 1-8　太和米尔红及果实

太和米尔红集中分布在太和县沙颖河南岸的颍南社区,目前只有少数地方有散生分布,需要进行保护。

七、太和柴狗子

树冠紧凑,小枝呈红褐色,清明前,嫩枝为土红色。枝细而密,材质好,生长慢。叶小而尖,边缘深锯齿,背面有灰白色短绒毛。因椿芽细弱如柴,故名柴狗子,含纤维多,易老化(图1-9)。

图1-9 太和柴狗子

太和柴狗子集中分布在税镇镇汪庄和陈大井等地,目前该无性系十分罕见,亟待调查和保护。

八、太和红毛椿

树势强,冠形紧凑,嫩枝为土红色,密生灰色短绒毛,小枝呈红褐色,材质好,速生小叶近全缘,较对称,色绿,薄纸质,叶背面被有灰白色绒毛。常作用材树种栽培(图1-10)。

太和红毛椿主要分布在太和县三堂镇和三塔镇等地,目前该无性系资源急剧减少,需进行保护。

图 1-10 太和红毛椿

九、太和青毛椿

树冠紧凑,小枝呈青灰色,嫩枝为青绿色,生长快,材质好。小叶先端尖,长为 15 cm,宽为 6 cm,边缘有重锯齿,叶薄纸质。果与青椿相似。芽呈青绿色,尖端微红,有光泽,椿苔及叶轴正面有一条较长的绒毛线。椿芽粗壮,含纤维多,常作用材树种栽培(图 1-11)。

图 1-11 太和青毛椿

太和青毛椿在太和县各地都有散生分布,目前该无性系资源急剧减少,进行多次调查发现,市场上可见的都是外部特征相似的舶来品,亟待调查和保护。

第二章 香椿文化

第一节 香椿的史料记载

在我国,自古以来,香椿不仅是备受喜爱的菜材两用树种,更是已经深深融入人们的生活,积淀了深厚的文化底蕴。

香椿在我国栽培历史悠久,山东省临朐县山旺村发现的1800万年前山旺圆基香椿化石,有力地证明了香椿原产于中国。2300年前就有文字记载人们栽培食用香椿的事实。

香椿,古人称"椿",香者名椿,集间韵作橁,夏书作杶,左传作檍。关于香椿最早的记录,大概就是《山海经》了,其中记载:"成候之山,其山多橁木,其草多芁。"意思就是成候山上生长着许多椿树,这里提到的橁木就是我们常说的香椿。《庄子·逍遥游》中也记载道:"上古有大椿者,以八千岁为春,八千岁为秋。",意思是上古时期的大椿树以人间八千年当作自己的一年,可见其寿命之长。于是,后人便常常用"椿"字的词语来形容福寿绵延,如以"千椿"形容千岁,以"椿寿"为长辈祝寿。可见,在当时香椿不仅作为食物摆上餐桌,而且还被视为长寿和祝福的象征。

相传,早在汉代,采摘和食用香椿在百姓生活中已经十分常见,在唐、宋、明、清时期,香椿更是成了宫中贡品,深受皇亲贵族的喜爱。宋代中药学著作《本草图经》记载道:"椿木实而叶香,可啖。"说明香椿是可以食用的。北宋晏殊的《椿》是赞美香椿上佳之品,其中写道:"峨峨楚南树,杳杳含风韵。何用八千秋,腾凌诧朝菌。"诗中的部分句子引用了《庄子·逍遥游》的典故,形容"椿"不仅拥有令"朝生暮死"的朝菌难以企及的长寿,还有朝菌难以比拟的枝繁叶茂。苏东坡对香椿也是喜爱有加,在《春菜》中写道:"岂如吾蜀富冬蔬,霜叶露芽寒更苦。"足见"食椿"的历史悠久。刘侗、于奕正同撰的历史地理著作《帝京景物略》中对香椿也有这样的记载:"元旦进椿芽、黄瓜,一芽一瓜,几半千钱。"然而,香椿的作用还远不止于此,嘉靖年间,著名科学家徐光启也将香椿作为救饥植物载入了《农政全书》,其中记录了香椿的使用方法:"其叶自发芽及嫩时,皆香甜,生熟盐腌皆可茹。"诗人不仅赞美香椿的美味,还描述人们采摘香椿的场景。元好问在《溪童》中写道:"溪童相对采椿芽,指拟阳坡说种瓜。想是近山营马少,青林深处有人家。"我们从中不难联想到一幅早春采摘香椿的场景:美丽的春季,一群小孩子在溪边的香椿树上采摘椿芽,整个画面活泼可爱。这也说明当时香椿已经成为老少皆爱的食物了。

1917年,中国近代维新派领袖康有为在徐州逗留期间,前往萧县皇藏峪一游,皇藏峪瑞云寺主持冬岭和尚向康有为讲述了一个与香椿有关的故事(刘邦与项羽决战,兵败后避难于石洞吃香椿芽),并为康有为做了以香椿为食材的斋饭。饭罢,康有为回味无穷,便引用刘邦、项羽的故事即兴作了一首《咏香椿》:"山珍梗肥身无花,叶娇枝嫩多权芽。长春不老汉王愿,食之竟月香齿颊。"这首诗不仅描述了香椿的外部性状,而且阐明了汉王刘邦曾许愿"长春不老汉王愿",一句"食之竟月香齿颊",更写出了香椿那别具一格的味道,让人唇齿生香,余味绵长。

吃香椿的习惯由古至今,有盛无衰。汪曾祺、齐白石等文人大家也都是香椿的爱好者,甚至汪曾祺先生在食用过香椿后表示:"一箸入口,三春不忘。"足见其对香椿的喜爱。

第二节 香椿文化价值

香椿生命力强,为高大乔木,树姿伟岸挺拔,自古以来人们就把它比喻成厚重如山、勇于担当的父亲。香椿较一般的常见树种更为长寿,人们称高龄的长者为"椿寿",古人也喜欢直接用"椿"来比喻父亲或其他长辈,将已过耄耋之年的父亲称为"椿庭"。成语"椿萱并茂"寓意父母健在,健康长寿。我国古代很多文人墨客对香椿的描写赞美有加,写下了不少脍炙人口的诗词,赋予香椿许多文化内涵。

灵准上人院
(唐)贾岛

掩扉当太白,腊数等松椿。

禁漏来遥夜,山泉落近邻。

经声终卷晓,草色几芽春。

海内知名士,交游准上人。

春帖子词
（宋）苏轼

草木渐知春,萌芽处处新。

从今八千岁,合抱是灵椿。

太和县作为"中国书画艺术之乡",在这里,人们挥毫作画、吟诗作赋,赞美香椿的名作不胜枚举,例如,南京书画院副院长太和籍著名书法家、画家、诗人白鹤大师曾赞美太和香椿曰:

咏香椿
白鹤

篱边河畔最寻常,兀自迎春兀自黄。

难得松杉千尺干,不求桃李百重芳。

新芽未雨争先摘,嫩叶才尖各竞藏。

黎庶盘飧官府宴,椿芽一出满堂香。

第三节　太和"贡椿"

据《太和县志》记载:"香椿,俗名红椿、油椿。四境繁植,惟有东南名陶桥沿沙河岸,及西北杨家寨等处十五里内,春初芽发,早采者贵,晚则质老味淡。尤以谷雨节为佳。盐渍制成,经岁月不腐,名曰椿芽,贩行远近各省,极擅名。""太和椿芽肥嫩、香味浓、油汁厚、叶柄无木质,清脆可口。"

在唐代,太和椿芽每到谷雨前夕就有驿者驮着,马不停蹄地奔向长安,用太和上等香椿作为贡礼。明万历二年(1574年)《太和县志》记载:"每到清明以后,到太和品尝香椿者络绎不绝。""旧县集到岳湾二十四华里的沙河两岸约八千余亩,已成园林中。"香椿真正成为贡品时应追溯到清朝乾隆时期,当时钦差大臣为取得皇帝重用,就令顺昌府(即阜阳)选上好椿芽,快马加鞭,连天加夜送往京城,献给皇帝。皇帝吃过后,赞不绝口,封赠香椿为"太和'贡椿'",并昭告天下,人人皆知,这就是"太和'贡椿'"的由来。清道光年间,太和椿芽已远销到东南亚各国。

在太和县家家户户都有在房前屋后栽种香椿的习惯,每年谷雨前都会对香椿芽进行深加工,以备常年食用,可见,太和人对香椿情有独钟。太和人外出时会带上一些腌制过的香椿,若在他乡出现水土不服就用开水冲泡香椿服下即可缓解,甚至治愈。若是思乡心切就拿出珍藏的香椿闻一闻,就像闻到了家乡的味道,思乡之愁也随即缓解。太和"贡椿"制作技艺现被阜阳市列入非物质文化遗产名录,近年来随着物流行业的发展,太和"贡椿"更是驰名中外。

太和"贡椿",就是上乘的太和黑油椿,即谷雨前开放的头茬顶芽。太和黑油椿,椿芽色泽紫褐如墨,故名"黑油椿",由于其色泽独特、椿芽肥厚、味道香醇、脆嫩多汁、不易老化而深受太和县及周边地区人民的钟爱。通过区域试验对太和香椿的营养成分含量进行测定,并记录如下(表2-1～表2-3)。

表2-1　太和香椿(太和县)内含成分对比表

区试品种	钾 mg/100 g	钙 mg/kg	蛋白质 g/100 g	脂肪 g/100 g	维生素E mg/100 g	维生素B_1 mg/100 g	粗纤维 g/100 g	总黄酮 mg/100 g	总糖 g/100 g	单宁 mg/kg
太和黑油椿	453	595	5.58	0.8	3.32	0.07	2.0	370	2.3	1893
太和红油椿	374	654	5.24	0.7	1.54	0.06	2.6	422	2.8	3452
太和青油椿	478	497	5.03	0.9	1.33	0.04	2.0	286	2.2	2804
太和米尔红	405	521	6.6	0.9	1.39	0.07	2.0	196	2.0	2476

表2-2　太和香椿(六安市裕安区)内含成分对比表

区试品种	钾 mg/100 g	钙 mg/kg	蛋白质 g/100 g	脂肪 g/100 g	维生素E mg/100 g	维生素B_1 mg/100 g	粗纤维 g/100 g	总黄酮 mg/100 g	总糖 g/100 g	单宁 mg/kg
太和黑油椿	452	627	6.52	0.8	2.48	0.06	2.7	323	2.2	2179
太和红油椿	371	621	5.67	0.8	1.6	0.02	2.7	472	2.6	3744
太和青油椿	413	515	5.13	0.7	1.1	0.03	2.2	263	2.1	3018
太和米尔红(裕安引)	386	489	6.2	0.8	1.28	0.06	2.1	182	1.9	2572

表 2-3 太和香椿(宿州市埇桥区)内含成分对比表

区试 品种	钾 mg/100 g	钙 mg/kg	蛋白质 g/100 g	脂肪 g/100 g	维生素 E mg/100 g	维生素 B$_1$ mg/100 g	粗纤维 g/100 g	总黄酮 mg/100 g	总糖 g/100 g	单宁 mg/kg
太和 黑油椿	444	654	6.16	1.0	2.26	0.07	2.3	329	1.7	2115
太和 红油椿	437	555	5.68	0.9	1.23	0.02	2.2	421	2.7	3610
太和 青油椿	492	469	5.54	1.1	1.11	0.04	2.0	261	2.0	2805
太和 米尔红 (埇桥引)	412	563	6.32	0.9	1.56	0.06	2.2	206	2.0	2534

从表 2-1～表 2-3 中可以看出,太和黑油椿在三地所测四个品种中,维生素 E 含量最高,单宁含量最低。而从三地的区域试验看出,六安市裕安区的黑油椿试验品不仅粗纤维含量高,而且椿芽的肥厚程度不如太和县当地所产;虽然宿州市埇桥区的黑油椿试验品在外观和色泽方面都不逊色于太和黑油椿,但其粗纤维的含量较高,口感也不如太和黑油椿,所以太和本地所产的太和黑油椿品质是其他地方所栽黑油椿无法比拟的。山东香椿有一农家品种——"褐香椿",无论从树干、枝的外部特征以及芽的色泽、外观和味道等方面都和太和黑油椿很相似,只不过褐香椿的立地条件和气候环境不如太和县优越,所以椿芽的肥厚程度以及色泽、味道、口感等方面与太和黑油椿相比稍逊。

太和黑油椿品质不仅在太和众多香椿无性系中首屈一指,而且在全国香椿上乘品种之中也独树一帜。再看其他地区优质品种,如红香椿、红叶椿、巴山红等椿芽皆是红色,可谓是"全国椿芽一片红,唯有太和黑油椿"。究其原因是太和沙颍河两岸独特的立地条件、小气候环境以及太和人民在栽培香椿的历史过程中进行长期人工选择的结果。头茬顶芽就是香椿的花芽。在太和县,每年人们都把树上的椿芽采尽,所以太和的香椿很少有开花结实的现象。传统的分蘖、埋根等无性繁育,一代代传承下来,一直没有发生性状变异,保持了原生的优良特性。而外地的香椿,都是种子繁育的实生苗,由于母本的某一特性产生性状分离,而不能在子代固定,因此众多的品种一直保持着"全国椿芽一片红"的状况。

太和黑油椿不仅是大自然对太和最慷慨的钟爱与馈赠,更是勤劳智慧的太和人民在长期的生产实践中的科学创造。

第四节 "贡椿"的产地及文化

太和贡椿是用太和黑油椿头茬的开放顶芽制作而成的。传统的太和贡椿知名产地有五地,太和人都认为这五地的"贡椿"品质最好,销路也一直供不应求。

一、王窑

王窑位于太和县城关镇县城东南 3 km 处。据县志记载,与王窑紧邻的陶桥与岳湾两个村子早在清朝就生产"贡椿"了。王窑是一个古老的村落,这里不仅椿芽久负盛名,而且也是特色小菜"椿芽拌豆腐"的发祥地。相传在明朝,那时的王窑只住着几户王姓人家,皆以务农为生。村里出了一个风水先生,每次给人看阴阳宅都很灵。年老以后,他在附近给自己看了一棺风水墓地并买下,说是后人能出个武将,武功高强,善使快刀,而且威震一方。待风水先生百年后,就如其所愿葬在该处。数年后,毛巡按从此路过,看出了该墓地"端倪",怕墓主的后人起义造反,影响朝廷的统治,就在墓地的上方开了一条路,就破了风水,结果风水先生的后人没有出现武将,反而做起了豆腐,每天在豆腐坊劳作,用"快刀"加工豆腐。王窑的豆腐质嫩、味鲜、色泽乳白,深受太和县城周边人的喜爱。加之该地椿芽品质优良,"椿芽拌豆腐"这道地方特色小菜就是从这里诞生的,并走进千家万户,传承至今。

二、李郢

李郢位于太和县城西 1 km 处,这里不仅香椿久负盛名,而且太和樱桃就产于该村沙颍河畔的狭长地域。李郢的樱桃不仅核小、皮薄、汁多、味甜、色艳,最为独特之处就是樱桃果柄从果实基部掰下时,果汁不对外伤流,而其他产地的樱桃则不然。由于该处春季盛产香椿、樱桃,李郢人便在这时利用游客郊游之际,采摘香椿、樱桃进行售卖,同时做起小吃招待游客,久而久之,人们都称李郢为"椿樱人家"。2014 年,由于太和县沙颍河国家湿地公园建设的需要,李郢这个美丽的沙颍河畔小村落整体搬迁了,可那一片片近百年的香椿古树林和"谷雨玛瑙坠满枝"的樱桃林依然生机盎然。每逢清明前夕至谷雨这段明媚的春光里,"椿樱人家"人流如潮,都是来采摘、品尝椿芽和樱桃的,宛若集市的热闹场景成了沙颍河湿地公园的独特风景。

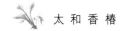

三、张玉皇庙

张玉皇庙位于大新镇沙颍河西岸。相传,由于全村人都姓张,和玉皇大帝是本家,当地张姓人便在此建了一座玉皇庙,名曰张玉皇庙。该庙香火旺盛,每逢大年三十、农历正月初九和农历每月的初一、十五,来此烧香祈福者络绎不绝。张玉皇庙村很早就以腌制椿芽而闻名,如今,这里有从事香椿产品深加工的企业10多家,生产的"玉皇贡椿"系列产品远销海内外。

四、耿楼

耿楼位于太和县税镇和旧县集之间,沙颍河与万福沟的交汇处。《太和县志》记载的"贡椿"主要产区在"及西北杨家寨等十五里内",所说的杨家寨就是如今的杨寨,紧邻耿楼。税镇古称税子埠,因其区位优势,物流发达,商贾云集,利于官府收税故而得名。万福沟东的旧县集,清朝时是太和县县衙所在地,据说那时这里的捕头常出意外而亡,以至于官府无法在此行政,后经高人指点而搬到现址。相传,这里由于两河交集,上风上水,人杰地灵,从耿楼走出来的太和县医药界优秀企业家就有好几位。

五、界牌集

界牌集属太和县赵集乡,位于太和县城东9 km处,东与颍泉谭庄毗邻,南与颍泉刘集隔沙颍河而望,古时是太和来往阜阳的水陆两路的交汇点,明朝在此立牌为界并设驿站,故名界牌。

界牌集有家黎姓打铁铺很有名,其打造的"香椿钩子"在太和沙颍河两岸很是有名。黎家打造的"香椿钩子"有拇指粗细,四棱的钢筋拧成螺旋,上部弯成精致半"S"形,底部横出二指长的钉状物,钉在当地产的"斑竹"做的长杆上。用其掰椿芽快而不伤枝。

每到清明前后,沙颍河大坝两侧的香椿林内,人们扛着带有"香椿钩子"的长杆,掰椿芽、拾椿芽,男女老幼齐上阵,好不热闹。界牌是逢单开集,逢双休集,每到逢集的日子,在集市上买香椿芽的人排成长龙,由于这里距县城很近,香椿芽的价格又比城里稍便宜,因此来界牌买椿芽者络绎不绝。

其实优质椿芽的产地远不只以上五地,笔者曾和安徽省林业科学院的刘俊龙博士进行香椿种质资源调查时发现,在界牌东的阜阳市颍泉区刘集镇谭庄曾有黑油椿优良单株。如果把以上五个地方延伸连起来就是沙颖河太和段,这个狭长的区域皆是太和贡椿的优质产区。

如今沙颖河太和段两岸,正在大力发展香椿种植业和深加工产业。一条蜿蜒的绿色通道不仅是两岸人民的特色种植长廊,更是横亘在太和南端的一道绿色生态屏障。

 延伸阅读

徐广缙后人与香椿树的故事

徐广缙,字仲升,一字靖侯,太和县人,清嘉庆年间进士,选庶吉士。历任山东和陕西道御史、广西乡试正考官、榆林知府、江西总粮道、福建按察使、顺天府尹、四川布政使、江宁布政使、云南巡抚、广东巡抚、两广总督和两湖总督等。

徐广缙的家乡太和县大新镇徐寨,位于沙颖河畔。从徐广缙以后到民国时期,徐家一直是当地的名门望族。现在,其后人分别定居在沙颖河右岸的徐寨、徐禅堂等地。

民国时期,在县城东一个叫吴路口的小村,村中有一徐姓人家,是徐广缙后人,人称徐老先生。徐老先生饱读诗书,为人和善,家境殷实,在沙颖河左岸坝堤两侧置有良田千顷。村中的吴姓和孟姓人家都是徐老先生的佃户或长工。和当地诸多大户一样,徐老先生祖坟地有上百年的柏树林,住宅处房前屋后植香椿,四旁的树木也是以香椿为主,一人合抱的香椿树比比皆是。

徐老先生有一孙子名叫徐家振,天资聪慧,知识渊博,在上海某大学求学。有一年孙子放假回家,徐老先生把自家的大香椿树伐了两棵做棺材,以备自己百年以后用,并在附近请了从事木工的师徒两人为其进行加工。他们首先用大锯把原木锯解成尺寸合适的厚板,再刨光、开榫、组装、油漆等。他们在对烘干后的香椿原木进行解板时,感觉大锯解原木的速度很快,徒弟发现香椿的木材很松软,就疑惑地说道:"这么松软的木材做棺材在地下应不耐沤吧?"正巧这话被徐家振听到了,他就端了盆水并装作无意地泼在了正在锯解的香椿原木上,接着"怪事"就出现了,师徒两人锯解了半天,只解下了一点。于是徒弟请教徐家振才知道椿木遇水性更强的原理这才恍然大悟。椿木木材为红褐色、纹理美丽,而且质地坚韧,不变形,防水防潮,埋在地下百年不朽,是制作家具及棺材的好材料。

第五节　太和香椿"古树"

《庄子·逍遥游》中有："上古有大椿者,以八千岁为春,八千岁为秋。"可见,香椿不仅是长寿之树,而且是高大之树。国内记载最大的香椿胸径在 2 m 左右,目前保存最大的香椿胸径在 1 m 左右。笔者曾走遍太和县 31 个乡镇,罕见胸径 50 cm以上的香椿大树。太和县较大的几棵香椿活立木就生长在太和沙颍河国家湿地公园内,这里有树龄近百年的香椿古树群,参天大树有 40 余株,最大的一株胸径近 60 cm(图 2-1)。它们不仅有很高的科研价值,而且也成为太和沙颍河国家湿地公园地标性风景。

图 2-1　太和香椿"古树"

原墙、三堂、苗集、坟台等地也有很多孤立木胸径在 40 cm 以上,虽不达百年,但作为种质资源也应给予保护。香椿木材又称"中国桃花心木",是制作高档家具的原料,尤其是在我国北方地区因为其纹理优美、耐腐力强,又是制作棺材的好原料,媲美楸树,稍大就伐去用材了。另外,太和香椿生长到 30 年以后极易受蛀干害虫的危害,这是造成太和香椿"英年早逝"的主要原因。太和沙颍河国家湿地公园内的几十棵胸径在 20 cm 以上的香椿也都受到蛀干害虫不同程度的危害,每年都有大径节的香椿受害而死。目前笔者正对此情况进行调查、研究,制定保护修复方案,力争展现太和香椿"八千岁为春"之容颜。

第六节　香椿的材用价值

香椿分布极广,生态环境呈多样性,群体变异复杂。香椿种源试验发现,香椿种内变异丰富,不同种源,树高、胸径、材积、生长量差异达极显著水平,具有较大的选择潜力。孙鸿有等对两片种源试验林 9 年调查结果进行了系统研究,认为生长性状和干形的变异与种源的地理纬度密切相关,呈现与纬度相平行的连续变异,其中树高、胸径、材积与纬度呈负相关,高径比与纬度呈正相关;种源形态性状的地理变异,基本上也与纬度相平行,南北连续变异,其中低纬度的种源冠长而浓密、侧枝数较多,高纬度的种源则相反。同时对香椿种源的生长、干形、冠幅、冠长、侧枝数等性状进行选择,即可获得树冠窄而浓密、光合效率高、生长速度快、单株材积和单位面积上材积大、树干尖削度小、出材率高的优良种源。对香椿天然林和人工林材性的研究发现,人工林木材密度、干缩性和力学强度随着树龄的增大而增大,9 年以后变化趋于稳定,10 年左右达到工艺成熟期,其木材纤维长度小于天然林,宽度大于天然林;香椿天然林和人工林的木材密度、顺纹抗压强度、抗弯强度和端面硬度均属中等,人工林木材除抗弯弹性模量、抗劈力和冲击韧性小于天然林外,其余物理学性质指标稍大于天然林,可见,香椿人工林与天然林在材质上并无大的区别。材用香椿优良种质以树干通直、材积生长量大、材质花纹美观、抗病虫为选育目标。

第三章　香椿的食用价值

第一节　香椿的营养价值

香椿是我国传统的名贵木本蔬菜，除了色香味俱佳外，还含有丰富的营养成分。据分析，1 kg 香椿嫩芽含蛋白质 98 g、脂肪 8 g、糖类 72 g、胡萝卜素 90 mg、维生素 B_1 12 mg、维生素 B_2 1.3 mg、维生素 C 1.15 g、钙 1.1 g、磷 1.2 g、铁 34 mg，其营养成分居西红柿、甜椒、黄瓜、大白菜、甘蓝、菠菜、芹菜、萝卜、胡萝卜等主要蔬菜之首。香椿芽可鲜食、炒食、凉拌、油炸、腌制以及制作成不同的食品，深受广大群众喜爱。但香椿芽生产受季节性影响明显，采收期短，仅限于春季的采收，因此传统的栽培生产方式已不能满足市场需求。利用香椿种子直接萌芽形成幼嫩植株代替田间芽菜的生产方式，不仅不受季节限制，而且周期短、见效快、效益好。郝明灼等对 8 个种源香椿种子的研究表明，不同来源的香椿种子在物理性状、发芽率、芽苗菜产量和营养成分等方面存在显著差异：陕西旬阳种源的芽苗菜产率最高，成都种源的芽苗菜可溶性蛋白质含量较高，石家庄和泰安种源的芽苗菜游离氨基酸含量较高，遂宁和泰安种源的芽苗菜维生素 C 含量较高。因此，生产香椿芽苗菜时可根据实际需要选择。菜用香椿收获的主要产品是椿芽，因此提高菜用香椿单位面积嫩芽产量及品质是椿芽生产的主要方向。育种工作应以营养价值高、香脆、肥嫩及矮化、多芽、耐采等综合性状为选育目标。

营养价值是香椿带给大众最普遍的印象。李时珍在《本草纲目》中记载："香椿叶苦、温煮水洗疮疥风疽，嫩芽瀹食，消风去毒；白皮及根皮，苦、温、无毒。"在中医药学中，香椿味苦、性平、无毒，有开胃爽神、祛风除湿、止血利气、消火解毒的功效，故民间有"常食香椿芽不染病"的说法。香椿不仅会散发出浓郁的香气，使人的食欲大大增强，还具有超高的营养价值，除了有较高的蛋白质、脂肪、碳水化合物等常规营养成分外，其钙、镁、钾元素以及维生素 B 族的含量与其他蔬菜种类相比，也是极高的,同时,其他营养物质,如磷、维生素 C 等也有较高含量。

一、维生素 E 和性激素

我国居民对维生素的摄入方式与西方国家有所差异,我国以植物性的食物为主,对维生素 E 的摄入量相对较高。维生素 E 能够促进性激素分泌,故香椿有"助孕素"的美称,能够增强男性精子的活力和增加女性雌性激素,有利于提高生育能力,可以在一定程度上预防女性流产。

二、维生素 C

众所周知,辣椒的维生素 C 的含量是最高的。经过实验室检测显示,香椿的维生素 C 含量也相当丰富,仅次于辣椒。维生素 C 对伤口愈合有促进作用,可以增强人体免疫力,同时能够改善脂肪特别是胆固醇的代谢,特别对于身体正在发育的小朋友而言,适量摄入维生素 C 能够促进牙齿和骨骼的生长,有效防止牙龈出血。

三、胡萝卜素

胡萝卜素在香椿中的含量也比较丰富,和前两类营养元素不同,对于都市上班族和经常加班的人群而言,胡萝卜素的摄入十分必要。随着城市工作和生活节奏的日益加快,上班族面临的工作压力日益增加,大部分人群长期处于亚健康状态,眼部疾病、胃病等问题已成为职场常见的疾病。人体通过对胡萝卜素的吸收可有效防止皮肤出现粗糙状态,并且有助于维护良好的视觉功能。孕妇摄入胡萝卜素有助于胎儿视觉系统的发育。

四、香椿素

香椿会散发出一种浓郁的气味,让人觉得心旷神怡,这种气味其实就来源于香椿素,香椿素能够增强人的食欲。春夏交替的季节,食欲缺乏的人们可以食用香椿,以达到健脾开胃的目的。

五、镁

镁也是人体所需要的重要营养元素。相比年轻人,中老年群体对镁的需求量

更大。老年群体身体机能逐渐消退,一些老年病逐渐显示出来,如高血压、糖尿病等。在做必要的身体检查的前提下,对镁等营养元素的摄入非常关键。人体通过摄入适量镁元素,不仅能够降血压、降低胆固醇、降血糖,还有预防肾结石和胆结石的发生。

六、钙

钙的营养价值非常高,素有"生命元素"之称,特别是在婴儿期和中老年期,补钙尤其重要。人体的骨骼和牙齿的主要成分就是钙,同时钙对维持人体正常生理功能有着调节作用。

总而言之,香椿营养丰富,胡萝卜素高达 700 μg,维生素 C 达 40 mg,除了含有丰富的膳食纤维外,还含有维生素 B 族、维生素 E 及钙、磷、钾、镁、铁、锌、硒等矿物质。

第二节 椿芽的采后保鲜

香椿芽采摘后的保鲜措施有如下几种:

① 将香椿芽捆好在保鲜剂中浸一下,拿出晾干,直立或平放在木板箱或多孔塑料箱中,置于 0~1 ℃的恒温冷库中,可保存数月。

② 将装香椿芽的板条箱装入涂刷硅氧烷混合液的尼龙纱袋中,压边密封,在 0~1 ℃的恒温库中可贮存 60 d。

③ 向香椿芽上均匀喷洒大蒜素或 6-苄基腺嘌呤保鲜剂,然后放入宽为 50 cm、长为 40 cm 的食品袋内,扎紧袋口,置于 0~1 ℃的恒温通风库中贮存,每 10~15 d 开袋换气一次。袋内含氧气量不低于 2‰、二氧化碳含量不高于 5‰时,可保鲜 60 d。

④ 把采收的椿芽平摊在通风、凉爽的室内席上,高度不超过 10 cm,切忌堆挤生热,可存放 1~3 d。也可按 0.5 kg 捆成把,基部齐平,竖放在瓷盘中,盘内盛 3~4 cm 深的清水,浸泡 24 h,再贮藏于 0~1 ℃的环境中,可保鲜 7 d。有条件时,把香椿放在塑料袋内,每袋重量为 0.25~0.50 kg,密封袋口,在 5 ℃以下的室内可存放 10~20 d。家庭少量存放,可放在冰箱 0~1 ℃的环境中,可保存 10~15 d。

注意:香椿芽在 10 ℃以上的温度下易落叶,引起腐烂变质。在 -3~-2 ℃的低温下会发生冻害,褪掉绛红色,冻成暗绿色。化冻后变黏而不脆,香味变淡,口味变劣。因此,香椿芽适宜的贮藏温度为 0～1 ℃。

第三节　香椿的食材制作方式

香椿是春季人们餐桌上的美味佳肴,而且制作方法多种多样,吃法较多,通常有以下制作方式。

一、椿芽蛋

除了常规的野外生产椿芽外,太和椿农们还发明了椿芽蛋的生产法:春天香椿芽刚萌动时,选择一年生粗壮枝条的顶芽,套上鸡蛋壳(将鸡蛋壳的蛋黄和蛋清倒出,并在另一端打个小孔),让椿芽在固定的空间里生长,等到嫩芽长满蛋壳即可采下。将蛋壳打碎,会发现壳内的椿芽就呈卵圆状的。此法生产的椿芽木质化低,较露天生产的更加鲜嫩,做出的菜肴风味独特。

二、腌制香椿

腌制香椿是太和与周边地区自古以来就有的传统方法,至今仍是长期保存香椿的一种重要方法。腌制香椿的方法如下:

① 采收香椿后即用清水冲洗干净,晾干备用。

② 根据需要选择密封性能好的大小适中容器(为保证香椿质量,最好使用陶瓷容器)2 个(1 个备用)。由于香椿易发生霉变,因此腌制前需将容器洗干净、消毒。

③ 腌制香椿:从容器底部开始将晾干后的香椿芽均匀铺开一层,以看不到容器底部为止,均匀撒盐,以看到盐粒均匀附着在香椿芽表面为佳,按照大约 1 kg 香椿 50 g 盐的标准进行。然后再将香椿芽均匀铺开一层,均匀撒盐,按照此种方式结束后盖好,不要密封。

④ 待 6 h 后将香椿从最上边一层开始移到另一个备用的空容器中,将附着盐的那层向下均匀铺开,再均匀撒少许盐,以看到有盐粒附着在香椿芽表面为佳;按上述步骤均匀铺第一层,大约按照 1 kg 香椿 30 g 盐的标准进行撒盐。

⑤ 待 12 h 后再按照上述步骤将香椿移到空的容器中,但此时不要再撒盐。再待 12 h 后重复上述步骤。24 h 后再将香椿按照上述方法翻一次,如此一周后在最

上面一层香椿上均匀地撒一层盐,几天后就腌制好了。

⑥ 一个月后取出腌制好的椿芽,并在阳光下晒 2～3 h,如此方法可使香椿保质一年有余。这时的椿芽即食即取,吃起来口齿醇香,开胃健脾,风味独特。

现在有了冰箱、冰柜等设施,大约按照 1 kg 香椿 25 g 盐的标准进行腌制,具体操作如上,2 d 以后晾干,用保鲜袋装好放入冰箱冷藏,可随吃随取,该法腌制的椿芽不仅含盐较少、有益健康,而且保存的椿芽鲜绿如初。

三、香椿泥

初夏至夏末,把刚成型的香椿叶片采下,把主叶脉撕下,加剥好的大蒜和适量的食盐一起捣碎(也可加些辣椒)成泥状,再拌点麻油即可,香椿泥主要是作为调味小菜食用,味道可口,但不宜过食。

四、椿芽拌豆腐

鲜嫩椿芽洗净后,用开水焯 2 min,切碎,把水豆腐切成 1～2 cm 大小的块状,加入食盐和麻油拌匀即可。

五、香椿炒鸡蛋

鲜椿芽 70 g,切碎,鸡蛋 6 枚,将两者搅拌均匀后,加适量的盐和调料;在铁锅内倒入麻油烧热,再倒入搅好的鸡蛋糊,快速摊成圆饼状,待八成熟时再翻身炒另一面(要力求圆饼完整),要不停地转动圆饼以防糊焦,等圆饼煎成微黄时即可出锅。也可在锅里炒碎,味道同样可口。

特点:此菜具有滋阴润燥、泽肤健美的功效。适用于虚劳吐血、目赤、营养不良、白秃等病症。正常人食之可增强人体免疫力。

六、香椿凉拌面

香椿凉拌面,又称蒜面,是太和当地一道夏季时令小吃。把腌制好的椿芽切碎,再加入适量的蒜泥(或香椿泥)、麻油、酱油、盐等调料,倒入凉开水,和成汁状。将宽面条煮熟后,过凉开水,再拌入调好的香椿蒜汁,一道可口的香椿凉拌面就做好了。这道菜吃起来既开胃又解暑,别具风味。

七、香椿调馅

在馄饨、水饺、包子等的内馅中加入适量的椿芽,吃起来醇香可口,回味无穷。

八、香椿烙馍

把香椿去梗切碎,加入适量面粉和水,调成稀稠适度的糊状;在锅中放油烧热,将调好的面糊摊入锅中,两面烙,直至金黄色即成。

九、香椿鱼

① 把面粉、鸡蛋、盐等调料加水搅拌成糊,稀稠适当;将洗净的椿芽去老根;锅里放入油,烧开。

② 将椿芽放在调好的面糊中裹一圈,放入油锅内,炸至颜色变成金黄即可。

十、香椿炒饭

椿芽用冷水浸泡数分钟,待米饭下锅炒热后再入锅,这样更能保持香椿的醇香。此道小吃更适合淮河以南、习惯吃鸡蛋炒饭地方的人们。

十一、太和香椿芽苗菜

① 品种选用太和黑油椿、太和红油椿、太和青油椿等良种种子,种子加工及浸种、催芽同太和香椿的种子育苗。

② 把泡沫箱装上湿度为 60%、发酵过的锯末,厚度约为 5 cm。

③ 每平方米撒露白的种子约 5000 粒,其上再覆盖湿度为 60% 的发酵过的锯末,厚度约为 1 cm,确保基质的疏松状态。

④ 然后放进温室或大棚内,设施内忌直射光,气温保持在 18~25 ℃,每天用喷器喷 2 遍清水,喷到基质表层见湿为宜。随着发芽以及芽苗的长高,适当增加喷水的量,当苗高达到 5~6 cm 时,设施内再增加光照的强度。

⑤ 当芽苗长到 10 cm 左右、出现 2 片真叶时即可采收。

十二、香椿竹笋

（1）材料

鲜净竹笋 200 g、嫩香椿头 500 g。

（2）做法

竹笋切成块；嫩香椿头洗净切成细末，并用精盐稍腌片刻，去掉水分待用；炒锅烧热放油，先放竹笋略加煸炒，再放香椿末、精盐，鲜汤用旺火收汁，加味精调味，用湿淀粉勾芡，淋上麻油即可起锅装盘。

（3）特点

此菜具有清热解毒、利湿化痰的功效。适用于肺热咳嗽、胃热以及脾胃湿热内蕴所致的赤白痢疾、小便短赤涩痛等病症。

十三、香椿拌豆腐

（1）材料

豆腐 500 g、嫩香椿 50 g。

（2）做法

豆腐切块，放锅中加清水煮沸沥水，切小丁装盘中；将香椿洗净，稍焯，切成碎末，放入碗内，加盐、味精、麻油，拌匀后浇在豆腐上，吃时用筷子拌匀。

（3）特点

此菜具有润肤明目、益气和中、生津润燥的功效。适用于心烦口渴、胃脘痞满、目赤、口舌生疮等病症。

十四、潦香椿

（1）材料

嫩香椿 250 g。

（2）做法

将香椿去老梗，洗净，下沸水锅焯透，捞出洗净，沥水切碎，放入盘内，加入精盐，淋上麻油，拌匀即成。

（3）特点

此菜具有清利湿热、宽肠通便的功效。适用于尿黄、便结、咳嗽痰多、脘腹胀满、大便干结等病症。

十五、煎香椿饼

（1）材料

面粉 500 g、腌制香椿头 250 g、鸡蛋 3 枚、葱花适量。

（2）做法

① 将香椿切成小段，用水将面粉调成糊，加入鸡蛋、葱花、料酒和切段香椿，拌匀。

② 平锅放油烧热，舀入一大匙面糊摊薄，待一面煎黄后翻煎另一面，两面煎黄即可出锅。

（3）特点

本菜具有健胃理气、滋阴润燥、润肤健美的功效。适用于体虚、食欲缺乏、毛发不荣、四肢倦怠、大便不畅等病症。

十六、椿苗拌三丝

（1）材料

高碑店豆腐丝 200 g、胡萝卜半个、白菜心 1 个、香椿苗少许、白糖 1 匙、蚝油一匙、醋 1～2 匙。

（2）做法

① 半根胡萝卜洗净削皮切细丝。

② 水开后，倒入胡萝卜丝，焯熟捞出，过凉水后控干备用。

③ 白菜心洗净，切细丝备用。

④ 豆腐丝用开水稍烫一下，捞出控干晾凉，切成和菜丝一样长的段备用。

⑤ 香椿苗洗净后控干水分。

⑥ 将香椿苗和"三丝"（胡萝卜丝、白菜丝、豆腐丝）混合，加入蚝油、糖、醋调味，制作完成。

十七、椒盐香椿鱼

（1）材料

香椿、面粉半杯、鸡蛋 2 枚、啤酒 100 mL、椒盐、油、盐。

（2）做法

① 香椿洗净,放滚水中焯一下马上捞出。

② 用少许盐拌匀腌制 2 min。

③ 将面粉、鸡蛋、啤酒、适量椒盐混在一起,拌匀成面糊。

④ 腌好的香椿,攥去多余水分,挂上面糊,放油锅炸至金黄酥脆即可。

十八、香椿鸡脯

（1）材料

鸡脯 2 块、香椿 80 g、鸡蛋 2 枚、黄酒 2 大匙、白胡椒粉 1 小匙、盐 1 小匙、淀粉适量、五味酱适量。

（2）做法

① 鸡脯切成薄片,用胡椒粉、黄酒和少许盐腌制片刻。

② 香椿用开水焯烫几分钟后捞起,切成细末。

③ 鸡蛋打散,加入香椿末打搅均匀。

④ 鸡脯用厨房纸拭干水分。

⑤ 先在干淀粉中拍匀,再在蛋液中滚一圈。

⑥ 油温六成,下锅慢炸,全部炸好后再复炸一遍,直至成金黄色。

⑦ 用厨房纸吸油,摆盘蘸酱食用。

十九、香椿豆腐肉饼

（1）材料

香椿 100 g、豆腐 250 g、肉馅 100 g,盐 1/2 小匙、生抽一小匙、鸡精 1/2 小匙。

（2）做法

① 香椿洗净焯水,捞出沥干水分切碎。

② 豆腐压碎,香椿切碎,加入肉馅后,与所有调料拌匀。

③ 拌好的材料团团、压扁。

④ 平底锅烧热油,放入饼,煎两面金黄即可。

二十、香椿皮蛋豆腐

（1）材料

嫩豆腐 1 块、松花蛋半个、香椿适量,盐、酱油、香油、味精、白醋、白糖少许。

（2）做法

① 把豆腐取出，用勺子切碎。

② 香椿用热水焯一下。

③ 将焯好的香椿放到冷水中浸泡。

④ 将松花蛋切成丁备用。

⑤ 把切好丁的松花蛋放到豆腐上，撒上盐调味后，放入味精、少量白糖、一点点白醋，淋上适量的酱油，周围堆叠香椿，淋上少许香油即可。

二十一、香椿拌花生

（1）材料

香椿、花生。

（2）做法

① 锅里放水烧开，关火后倒入洗净的花生米，盖上盖子泡 10 min；然后把花生捞出来放入纯净水里，泡一晚上，去掉花生的红皮。

② 香椿洗净，放入开水中焯 1 min，捞出过凉水后切碎。

③ 将花生米捞出并沥干水分，加入盐、香椿，拌匀即可。

第四节　香椿的食用禁忌

香椿虽然美味又有营养，但不能生吃，必须焯烫后食用，因为每千克香椿芽中约含 30 g 亚硝酸盐，芽叶越老，亚硝酸盐含量就越高，生吃容易引起亚硝酸盐中毒。焯烫过水的香椿，其亚硝酸盐的含量减少，如果适当加一点食用盐，香椿的色泽会更加鲜亮。除此之外，我们食用香椿时，还应注意以下禁忌：

① 香椿和牛奶不能一起吃，否则容易导致腹胀。

② 香椿和菜花不能一起吃。因为香椿中含有丰富的钙质，而菜花中所含的化学成分会影响钙质的消化和吸收。

③ 香椿和黄瓜不能一起吃。黄瓜中含有维生素 C 分解酶，会破坏香椿中的维生素 C，影响人体对维生素 C 的吸收，使其营养价值大大降低。

④ 香椿属于含钾量高的食物。在服用螺内酯和补钾药时，如果与含钾量高的食物同用，容易引起高钾血症，导致出现胃肠痉挛、腹胀、腹泻等症状。

⑤ 香椿不宜和动物肝脏同食。香椿含维生素 C，动物肝脏中的铜、铁离子极易

使维生素C氧化而失效,导致营养成分大为下降。

⑥ 服用维生素K时不应食香椿。香椿所含的维生素C和维生素K有相互抵消作用,既会使维生素K的治疗作用降低,也使香椿的营养价值降低。

第五节　太和香椿的深加工

近年来,由于太和香椿种植规模的扩大、香椿产业的不断壮大及其产业链的延长,太和香椿的深加工产品如雨后春笋般地大量涌现,许多产品成为知名品牌并远销海内外。

位于太和县沙颍河畔的安徽太平祥和文化产业发展有限公司依托太和"贡椿"的资源优势,目前在太和县致力于香椿的研发,生产的太和贡椿酱(图 3-1)不含糖,无任何食品添加剂和防腐剂。

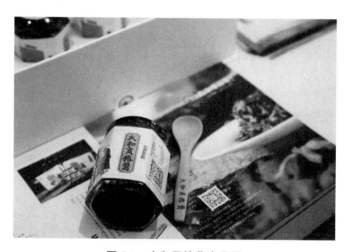

图 3-1　太和贡椿酱产品图

安徽兴达保健品有限公司生产的香椿茶(图 3-2),在传统的大红袍生产工艺基础上大胆创新,立足太和丰富的香椿种质资源,开发出产品贡椿茶系列,远销欧美地区。

阜阳师范大学抗衰老中草药安徽省工程技术研究中心与太和县苗圃基地、上海阳初生物科技有限公司联合研发出香椿养生茶(图 3-3)、香椿酱,利用香椿的抗氧化作用,无任何防腐剂添加,保留了香椿的原始风味,满足了现代人对美味与健康的追求。目前,阜阳师范大学抗衰老中草药安徽省工程技术研究中心正在开展香椿胶的研究,香椿胶可以入中药,还可以作为化工原料使用。

图 3-2　贡椿茶产品图

图 3-3　香椿养生茶产品图

33

目前,太和以香椿为食材的深加工企业有 20 多家,生产有香椿酱、香椿牛肉酱、香椿茶、香椿酒、香椿调料、香椿面条、香椿胶囊等 20 多个品种,产品远销海内外,全产业链年产值近 4 亿元。但是太和香椿深加工产品品种研发、产业规模和市场占有份额远不如山东、河南、四川等地,具有太和特色的品种更少。随着县政府的大力扶持,以及企业和科技人员的不断努力,相信香椿产业会逐渐成为太和县出口创汇的新兴产业。

参 考 文 献

[1]　辛永萍,马勤.香椿种质资源分布及经济价值[J].陕西农业科学,2008(3):85-88.

[2]　贾韶千.香椿的食用价值和市场前景[J].食品安全导刊,2016,15:82-83.

[3]　戴桂芝.香椿的营养保健作用及其科学食用方法[J].中国食物与营养,2004(5):51-52.

第四章 香椿的药用价值

第一节 香椿的药用简介

香椿可作为药材使用的说法在《本草纲目》等书中均能找到详细的记载和描述。将香椿芽的汁液敷于面部,可以治疗面部皮肤病。民间也有关于香椿籽炖肉可以治疗风湿性关节炎的说法。近年来,对于香椿各个部位的化学成分提取及其药理活性的研究一度成为很多专家和学者关注的焦点。据报道,国内外专家学者已经从香椿中分离得到了 100 多种化合物,其中主要以黄酮类和三萜类化合物为主。黄酮类化合物因其重要的药理作用,如抗氧化、清除自由基、抗菌抗病毒、降血脂、降血压、抗癌抗肿瘤、调节免疫系统和内分泌等功能,一直受到国内外学者的关注。Zhang 等人的研究表明香椿叶提取物(TLE)可以调节脂质代谢,增强抗氧化功能。Chen 等人于 2008 年研究发现香椿叶提取物能有效抑制 SARS 冠状病毒的复制。Wang 等人于 2008 年发现香椿叶提取物可以降低血糖水平。Liu 等人的研究明确了香椿叶提取物可以抗氧化和抑制癌细胞增殖。Shan 等人于 2016 年从香椿叶提取的酚类具有抗氧化活性和抗癌活性,可将其视为潜在的抗癌药物来源。Hu 等人于 2016 年证实从香椿叶分离出的乙醇提取物具有清除自由基、抗炎和抑制细胞毒性的作用。

香椿原产我国,全国各地都有栽培。常见品种有红油椿、黑油椿、褐椿、红椿、红芽绿椿等。著名的有山东西牟香椿、河南焦作香椿、安徽太和香椿,其中黑油椿为香椿中的珍品,是安徽太和县的特产,其腌制品选料严格,制作精细,行销全国,并远销东南亚等国。太和县一带的人如出差到其他地方去,身上总要带上一些干制的香椿,如遇到水土不服,身上出现不正常现象时,用它来泡茶服用,可以有效缓解上述症状。

古时以树皮、根皮、叶片和果荚入药,始见于唐代的《新修本草》(即《唐本草》),

该书载:"叶,气味苦、温、有小毒,治白秃不生发,取椿、桃、楸叶心捣汁,频涂之。白皮及根皮,气味苦、温、无毒,可去口鼻疳虫,杀蛔虫,鬼注传尸,蛊毒下血,及赤白久痢。"《本草拾遗》上称:"白皮及根皮,得地榆,止疳痢。"《日华子本草》指出,香椿能"止泄精尿血、暖腰漆、除心腥瘟冷、胸中痹冷、疰癖气及腹痛等,食之肥白人。中风失音研汁服;心脾胃痛甚,生研服;蛇犬咬并恶疮,捣敷"。此外,还记载着"白皮及根皮,利溺症"。《本草纲目》记载:"叶,煮水,洗疮疥风疽。嫩芽沦食,消风祛毒。白皮及根皮,主治疳虫。止女子血崩,产后血不止,赤带,肠风泻血不住,肠滑泻,缩小便,蜜炙用。治赤白浊,赤白带,湿气下痢,精滑梦遗,燥下湿,去肺胃陈积之痰。荚,又名凤眼草,主治大便下血,误吞鱼刺,洗头明目。"《本草纲目》还记载:"凡血分受病不足宜用椿皮,气分受病有郁者,宜用槽皮。"香椿可与粳米、麻油等制成香椿粥,能清热解毒,健胃理气,治疗肠炎、痢疾、痔肿等症。香椿籽主治胃病,炖猪(羊)肉可治风湿性关节痛。我国民间素有"食用香椿,不染杂病"的说法。

香椿的叶、芽、根、皮和果实均可入药。香椿味苦涩、性温,有祛风利湿、止血止痛的功效。有些地方将香椿和臭椿同用,将两者的根皮和树皮均称"椿白皮"入药,椿白皮主治痢疾、肠炎、泌尿系统感染、便血、白带、风湿腰腿痛;香椿叶和嫩枝主治痢疾;香椿籽主治胃和十二指肠溃疡、慢性胃炎等。树皮和根能消热解毒、收敛,有治疗痔疮、便血和肠炎等功效。

近十几年来,国内外科研人员对香椿的药用活性物质做了大量而深入的研究,陈铁山等对香椿的化学成分进行了初步的研究,发现香椿叶中含有多酚类物质、黄酮、萜类、蒽醌、皂甙、鞣质、甾体、生物碱等重要药用成分,香椿种子中含有醛、酮、萜类、皂甙、甾体和挥发油等,而挥发油中含有单质硫、硫华,香椿根皮中含川楝素、洋椿苦素、甾醇、鞣质等。黄酮类化合物作为主要的生物活性物质之一,其药理实验表明,对消化性溃疡具有保护作用,可治心脑血管系统的一些疾病(如高血压、动脉硬化、降血脂、降胆固醇、抑制血栓和扩张冠状动脉等),还具有肝保护作用、抗肿瘤作用、抗自由基作用、抗氧化作用等。

香椿的水煎剂对金黄色葡萄球菌、肺炎球菌、伤寒杆菌、甲型副伤寒杆菌、绿脓杆菌、大肠杆菌等都有抑制作用,可治疗皮肤生疮、疥癣等疾病。在民间,香椿水煎服用来治疗高烧、头晕等病。

第二节　香椿的功能与疗效

一、香椿的功效

（一）开胃健脾

香椿是时令名品，含香椿素等挥发性芳香族有机物，可健脾开胃，增加食欲。早在唐代，香椿就被列入贡品，那时的皇帝已经懂得用香椿去除油腻了。

（二）清热利湿

香椿能够起到清热利湿的作用，同时它还具有利尿解毒的功效，对于肠炎、痢疾以及泌尿系统感染等病症能够起到一定的辅助治疗作用，所以民间又有这样一个说法，那就是"常食香椿芽不染病"。将鲜椿芽、蒜瓣、盐捣烂外敷，对治疮痈肿毒有较好的疗效。

（三）美容保健

香椿含有丰富的维生素 C、胡萝卜素等，有助于增强机体免疫功能，并有润滑肌肤的作用，是保健美容的良好食品。用鲜香椿芽捣取汁液抹面，可治疗面疾、滋润肌肤，具有较好的美容养颜功效，提高机体免疫功能，润泽肌肤。

（四）抑菌、抗肿瘤

除了清热利湿之外，香椿芽还具有抑菌、抗肿瘤、降血脂、降血糖的作用，适量食用有助于预防感染性疾病以及高血脂、高血糖等慢性疾病。

（五）抗氧化

香椿芽中的维生素 C 和维生素 E 具有较强的抗氧化性，适量食用有助于清除体内自由基，缓解不适病症，促进身体恢复。银屑病患者适量食用香椿芽对疾病恢复很有帮助。

二、香椿各部位的药用价值

（一）花、果实

香椿花辛、苦、温，无毒，入肝、肺二经，祛风散寒、止痛、止血。用于外感风寒头痛、风湿关节痛、肠风泻血等。香椿籽性温、味苦，祛风、散寒、止痛，主治外感风寒、风湿痹痛、胃痛、疝气痛、痢疾。此外，香椿籽还具有较强的抗凝血作用等。

（二）叶

香椿叶含有多种生物活性物质，主要有黄酮、生物碱、萜类、甾体、皂甙、多酚类化合物以及挥发油等，具有较高的药用与保健价值。香椿叶提取液的药理机制、生物活性已有较多报道，包括抗肿瘤活性、抗糖尿病活性和抗氧化活性。香椿提取液成分复杂，应用不同溶剂和不同方法提取，已分离和鉴定出多种化合物，包括没食子酸（gallic acid）、没食子酸甲酯（methyl gallate）、芦丁（rutin）、堪非（kaempferol）、槲皮苷（quercitrin）、栎素（quercetin）、儿茶酚（catechin）、表儿茶酚（epicatechin）、棕榈酸（palmitic acid）、油酸（oleic acid）、亚油酸（linoleic acid）、亚麻酸（linolenic acid）、β-谷甾醇混合物（a mixture of β-sitosterol）、豆甾醇（stigmasterol）、β-谷甾醇糖苷（β-sitosterol-glucoside）、桐酸乙酯（ethyl palmitate）、二十碳酸乙酯、正二十六烷醇、槲皮素、槲皮素-3-O-β-D-葡萄糖苷、5,7-二羟基-8-甲氧基黄酮、杨梅素、杨梅苷。邱琴等采用超临界二氧化碳流体萃取法及水蒸气蒸馏法从香椿籽中提取挥发油，用气相色谱-质谱联用技术对其化学成分进行分析，结果前者挥发油共鉴定出63种成分，后者鉴定出50种成分，两种方法提取的挥发油有39种组分相同，挥发油中主要成分是萜烯类、醇、酯、不饱和脂肪酸以及长链烷烃类，它们组成香椿植物的特征香味。王昌禄等研究不同种质资源香椿叶总黄酮含量的变化，发现南方各种源叶产量明显高于北方，在4～11月生长期中，香椿叶总黄酮含量呈现先升后降的变化趋势，并于9月达到最高值。不同种源香椿叶总黄酮含量存在较大差异，含量较高的种源集中在华北中部。因此，香椿总黄酮含量属于基因与环境互作的表现性状。药用香椿优良材料选育应以叶产量、总黄酮含量高为目标。

（三）芽

香椿嫩芽是我国极具特色的时令蔬菜，在每年谷雨前后采摘，含有蛋白质、维生素C、维生素E、钙、钾等元素，居木本蔬菜之首。香椿叶味辛、苦，性平，归脾、胃经，有消炎、解毒、杀虫的功效。香椿叶中含有多酚、黄酮、萜、蒽醌、皂甙、生物碱类等活性物质,具有抗菌、抗氧化、保护心血管、降血糖等多种保健及药理作用。此外,香椿叶提取物对桃蚜、棉铃虫等还有一定驱虫作用。臭椿叶不能食用,但可入药,有除热、燥湿、止血、杀虫的功效,一般只供煎汤外洗用。臭椿叶含有甾醇、三萜、四环三萜、二萜和生物碱等活性物质,是一种对蚜虫等具有良好防治效果的植物源杀虫剂。霍清等研究发现,臭椿叶提取物还具有一定抗炎作用,高剂量组能够明显对抗 10%蛋清生理盐水导致的小鼠足肿胀。朱育凤等通过对香椿叶与臭椿叶的比较鉴别及体外抗菌试验指出,臭椿叶水醇提取物对金黄色葡萄球菌及绿脓杆菌的抑菌作用明显强于香椿叶,认为两者来源不同,成分有别,不宜混用。

(四) 皮

椿皮为常用中药,历代本草对两者有较明确的区分。如《本草纲目》记载:"香者名椿,臭者名樗。椿皮色赤而香,樗皮色白而臭。"可见,香椿为"椿",臭椿为"樗"。但到了近现代,对于椿皮的来源,不同文献的记载却有所出入。如《中药大辞典》中记载椿皮为香椿的根皮与茎皮;而《中华人民共和国药典(2015 版)》中所列椿皮为苦木科植物臭椿的干燥根皮或干皮。目前,除湖北少数地区及贵州、四川等地仍将香椿的干燥根皮和茎皮作椿皮用,或者两者兼用外,其他地区一般以臭椿皮作椿皮(樗白皮),香椿皮作椿白皮用。从功效上讲,《本草纲目》载:"盖椿皮入血分而性涩,樗皮入气分而性利,不可不辨;其主治之功虽同,而涩利之效则异。"《本草求原》曰:"但椿涩胜,久痢血伤者宜之;樗性苦,暴痢气滞者宜之。"按此说法,临床中血分受病而不足时应以香椿皮为佳,而气分受病不足时应以臭椿皮为主。研究发现,香椿皮主含川楝素、甾醇、鞣质等,其水煎液对大肠杆菌、沙门菌及葡萄球菌有广泛抑制作用,且体外抑菌效果优于臭椿皮水煎液。

(五) 气味

香椿的特殊味道来自于其特殊的挥发物,包括萜类、倍半萜类等物质,其气味能透过蛔虫的表皮,使蛔虫不能附着在肠壁上,而被排出体外,可用于治蛔虫病。它还含香椿素等挥发性芳香族有机物,可健脾开胃,增加食欲。

(六) 种子

香椿的种子就是俗称的香椿籽,是一味中药,有明目的作用,可以治疗识物昏暗、识物不清、眼花等症状。另外,它还有解毒的作用,可以用来治疗外部的疮痒、痈疽。此外,香椿籽还有壮肾阳的作用,一些肾虚引起的疾患可以使用香椿籽;香椿籽里还有大蒜素,具有明显的抑制细菌病毒的作用,尤其是对痢疾杆菌和皮肤的

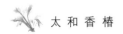

真菌抑制作用是比较强的。此外,它还含有微量元素硒,可以降低胃液的亚硝酸盐含量,所以对预防胃癌以及多种癌症也有一定的作用。

冲泡香椿籽,将其当水喝,可以解毒,祛风散寒止痛,对于风寒外感、胃痛、风湿关节疼痛都有一定的作用。它还可以补充各种微量元素,尤其是冬天手脚冰凉体寒的人将其泡水喝,可以缓解症状,祛风湿、消炎止泻。此外,它对预防高血脂也能起到一定的作用。

总体来说香椿籽泡水的功效与作用如下:

(1)补肾填精

补肾填精是香椿籽浸水的关键功效。香椿籽含有钙、磷、钾、钠等多种营养元素,浸泡食用,能够滋阴、养血、补肾、壮阳、锁精,改善人体肾脏功能,减轻男士阳痿早泄症状。

(2)消炎除菌

香椿籽富含挥发油和黄酮,具备较强的抗感染功效。平常泡水服用,能够有效清除身体各类病原菌,防止和减轻身体各种炎症,如肠炎、咽炎、胃病等,对身体健康大有益处。

(3)收敛性活血

香椿籽浸泡在水中,有收敛性活血的功效。对呕血、便血等渗出性病症也有显著功效。除此之外,它还具备收敛性治腹泻的关键功效。临床医学上可用以医治一些常见病,如痢疾、腹泻和人体肠道功能问题,功效特别好。

香椿籽泡茶方法:

① 香椿籽在医治不一样的病症时,其浸泡的方式也不一样。例如,治疗外感风寒发烧感冒时,需要将香椿籽浸泡在冷水中 30 min,之后加冷水烧开后,趁热服用。

② 当用以缓解腰部肌酸、肾虚和阳痿时,将洗净的香椿籽直接浸入水中,加适量白砂糖,即可服用。此外,种子晾干后,可磨成细粉,用水直接冲泡,可有效缓解胸口疼痛的症状。

第三节 香椿提取物的成分

随着科技的进步,人们可以从香椿植株中提取、分离和鉴定出一些药用有效成分。

香椿叶提取物有效组分对肺癌、卵巢癌、前列腺癌、粒细胞白血病等癌症的细胞毒性有抑制作用已得到多项研究证实。香椿叶粗提物 TSL-1 能阻断肺癌细胞株 H661 和肾癌细胞株 ccRCC 周期的进程并诱导其凋亡,并可抑制 MG-63、Saos-2 和 U2OS 骨肉瘤细胞系的细胞活性;TSL-2 能阻滞卵巢癌细胞 SK-OV3 的增殖并诱导其凋亡;没食子酸能通过活性氧(ROS)和线粒体介导途径诱导 DU145 前列腺癌细胞凋亡。从香椿根中分离出的 BTA 和 OEA 两种成分能够抑制 MGC-803 和 PC3 癌细胞的增殖,并通过线粒体途径诱其凋亡。

香椿叶提取物能调节高脂血症脂质代谢,增强抗氧化功能,还能够抑制高脂引起的视网膜损伤;还能提高胰岛素含量,介导脂肪葡萄糖转运蛋白,从而降低血糖水平。香椿籽水煎剂能延长正常大鼠的凝血酶原、凝血酶和活化部分凝血活酶的时间;正丁醇提取物能抑制凝血酶诱导的血小板内游离钙离子浓度的升高,显著降低静脉血栓质量,具有较强的抗血栓作用,同时对脑缺血和心肌缺血也有神经保护作用。

香椿提取物具有较强的抗氧化活性,对烷氧基、烷过氧基、羟基自由基、DPPH 自由基、超氧阴离子自由基和脂质过氧化产物丙二醛等均有较好的清除效果。王昌禄等人研究发现,香椿老叶提取物对 DPPH 自由基的清除能力可达 90%,与维生素 C 相当,其总多酚剂量依赖明显。香椿提取物还具有一定的抑菌活性,对大肠杆菌、苏云金杆菌和金黄色葡萄球菌等均有良好的抑制作用,且热稳定性良好。

香椿提取物可抑制黄嘌呤氧化酶和环氧合酶-2 的活性,有效降低尿酸水平,具有良好的抗痛风效果。其内含物中的多酚类物质既能抑制胶质细胞活化,有效保护黑质多巴胺能神经元,改善因 6-羟多巴胺所致帕金森病引起的异常行为;还能明显减少佐剂关节炎关节腔内的炎性渗出,减轻滑膜充血水肿和炎性浸润,改善踝关节病理组织形态。高剂量的香椿水煎液还有明显的抗疲劳作用和补血作用。

第四节　香椿治疗疾病的民间验方

香椿治疗疾病的民间验方有以下几种:

(1) 脱发

材料及用法:香椿芽及心,洗净捣烂,涂擦脱发处,可促使头发重生。

(2) 呕吐

材料及用法:香椿叶 20 g,生姜 3 片为引,水煎服,每日 2 次。

(3) 口舌生疮

材料及用法:嫩香椿 50 g,豆腐 500 g。豆腐切块,放锅中加清水煮沸后沥水,

切小丁装盘中。将香椿洗净,焯水后切成碎末放入碗内,加盐、味精、麻油拌匀后浇在豆腐上即可食用。

(4) 胃溃疡

材料及用法:香椿芽 250 g,搓碎后以红枣泥和为丸,每丸重约 3 g,每次服 2 丸,每日服 2 次,温开水送服。

(5) 丝虫病

材料及用法:香椿叶、枫树叶各 100 g。水煎去渣,当茶饮。30 d 为 1 个疗程。

(6) 疮痈肿毒

材料及用法:鲜香椿叶、大蒜等量,加食盐少许,共同捣烂。外敷患处,每日 2 次。

(7) 控制血糖

材料及用法:香椿芽 12 g,用清水煮后食用,或用沸水冲泡饮用,每日 1 剂,连用 7 d。

(8) 慢性痢疾

材料及用法:香椿树皮 120 g,焙干研末,每次用开水送服 9 g,每日服 2 次。

(9) 细菌性痢疾

香椿叶 100 g,水煎,早、晚分服,每日 1 剂。

(10) 泌尿系统感染

材料及用法:① 椿树皮、车前草各 20 g,茯苓 20 g,黄芩 10 g,地榆、鱼腥草、生地黄、半枝莲、板蓝根各 30 g,视症状加减。高热者加柴胡,加重黄芩;疼痛者加象牙屑、琥珀(研末服);血尿甚者加苎麻根,水煎服,每日 1 次。② 椿树根皮、车前草各 30 g,黄柏 9 g,水煎服,每日 1 剂。

(11) 滴虫性阴道炎

材料及用法:椿树根皮、蛇床子各 25 g,蒲公英 20 g,枳实 12 g。水煎去渣,坐浴,每次 30 min,或反复冲洗阴道。每日 1 次。

(12) 慢性肠炎、痢疾

材料及用法:鲜香椿叶 30～120 g,水煎服。

(13) 痔疮便血、崩漏

材料及用法:香椿皮 25 g,石榴皮、红糖各 15 g,水煎服,每日 2 次。

第五节　不宜吃香椿的人群

（一）阴虚、燥热的患者

一般阳虚的人吃香椿是有好处的。阴虚、燥热的患者不可食用香椿，香椿可以助阳，但是吃了香椿后容易加重肝火，因此对于阴虚、燥热的患者来说，食用香椿只会加重他们的症状，对病情的恢复无益。

（二）体弱的人

患有慢性病的人、体质虚弱的人、患病初愈的人以及妊娠期的妇女最好不要食用香椿。

（三）眼部并发症的患者

有眼部并发症的患者应少吃香椿，否则会加重他们的眼部疾病，不利于对眼部疾病的治疗。

参 考 文 献

［1］ 张京芳,张强,陆刚,等.香椿叶提取物对高血脂症小鼠脂质代谢的调节作用及抗氧化功能的影响［J］.中国食品学报,2007,7(4):5-6.

［2］ Chen C J, Michaelis M, Hsu H K, et al. *Toona sinensis* roem tender leaf extract inhibits SARS coronavirus replication［J］. Journal of Ethnopharmacology,2008,120(1):108-111.

［3］ Wang P H, Tsai M J, Hsu C Y, et al. *Toona sinensis* roem(meliaceae) leaf extract allevi-ates hyperglycemia via altering adipose glu-cose transporter4［J］. Food Chem. Toxicol. , 2008,46(51):2554.

［4］ 刘金福,尤玲玲,王昌禄,等.香椿叶提取物抗氧化和抑制癌细胞增殖的研究［J］.中南大学学报(医学版),2012,37(1):46.

［5］ Shan S R, Huang X M, Zhang M X, et al. Anti-cancer and antioxidant properties of phenolics isolated from toona sinensis a juss acetone leaf extract［J］. Tropical Journal of Pharmaceutical Research, 2016,15(6):1212.

［6］ Hu J,Song Y,Mao X,Wang Z J, et al. Limonoids isolated from *Toona sinensis* and their radical scavenging, anti-inflammatory and cytotoxic activities［J］. Journal of functional foods,2016,20(20):8-9.

［7］ Chang H C,Hung W C,Huang M S, et al. Extract from the leaves of *Toona sinensis* roemor exerts potent antiproliferative effect on human lung cancer cells［J］. Am. J. Chin. Med. 2002,30(2/3): 307-314.

［8］ Liu H W,Huang W C,Yu W J, et al. *Toona sinensis* ameliorates insulin resistance via AMPK and PPAR gamma pathways［J］. Food Funct. ,2015,6(6): 1855-1864.

［9］ Wang P H,Tsai M J,Hsu C Y, et al. *Toona sinensis* roem (meliaceae) leaf extract alleviates hyperglycemia via altering adipose glucose transporter 4［J］. Food Chem. Toxicol. , 2008,46(7): 2554-2560.

［10］ Hseu Y C,Chang W H,Chen C S, et al. Antioxidant activities of *Toona sinensis* leaves extracts using different antioxidant models［J］. Food Chem. Toxicol. , 2008, 46 (1): 105-114.

［11］ Yang H L,Chen S C,Lin K Y, et al. Antioxidant activities of aqueous leaf extracts of *Toona sinensis* on free radical-induced endothelial cell damage［J］. J. Ethnopharmacol. , 2011,137(1): 669-680.

［12］ Yu W J,Chang C C,Kuo T F, et al. *Toona sinensis* roem leaf extracts improve antioxidant activity in the liver of rats under oxidative stress［J］. Food Chem. Toxicol. ,2012,50(6): 1860-1865.

［13］ Chen G H,Huang F S,Lin Y C, et al. Effects of water extract from anaerobic fermented *Toona sinensis* roemor on the expression of antioxidant enzymes in the sprague-dawley rats ［J］. J. Funct. Foods,2013,5(2): 773-780.

［14］ 邱琴,刘静,陈婷婷,等. 不同方法提取的香椿子挥发油的气质联用成分分析［J］. 药物分析杂志, 2007(3):400-405.

［15］ 王昌禄,常利杰,夏廉法,等. 药用香椿种质的初步筛选［J］. 河南农业科学, 2009(6): 108-111.

［16］ 王昌禄,江慎华,陈志强,等. 香椿老叶中活性物质提取及其抗氧化活性的研究［J］. 农业工程学报, 2007(10):229-234.

第五章 太和香椿的栽培技术

香椿有有性繁育和无性繁育两种,有性繁育即种子繁育;香椿常见的无性繁育有埋根、分蘖、扦插和组培育苗等。香椿的种子育苗较容易,成本低,可快速繁育,子代不能保持良种的优良品质,易产生变异和性状分离,但也能产生优良的变异,培育出新的良种。只有无性繁殖的后代才能有效保持太和香椿的优良品质和独特风味。

传统的无性繁殖方法速度慢,不利于良种的快速繁育,并严重制约着香椿产业化、规模化的发展。随着生物技术的发展,尤其是细胞工程和基因工程理论和实践的突破,为快速繁育优良品种、改良品种和培育新品种提供了新的途径。

第一节 太和香椿的种子育苗

香椿5～6月开花,9～10月果实成熟。果实采集后阴干贮藏,一般可保存6～12个月。正常条件下种子贮存时间越长,发芽率越低,贮存达到1年左右种子发芽率几乎为零,因此播种时切不可用隔年种子。香椿蒴果变黄的时候即可采种,因为香椿种子有长翅,过晚蒴果就会裂开,饱满的种子就会飞走,此时果壳里剩下的都是秕种。天气适宜时,应及时采下果穗,在通风干燥处风干,忌暴晒,及时清除秕籽、果翅、种壳、泥沙等,留下红褐色的粒大、饱满的种子。种子含水量低于8%时,放在通风干燥处保存;有条件的可置于−10～−18 ℃恒温冷库存放。

一、圃地选择

选择固定圃地时,要注意选择地势平坦、交通方便、靠近水源、排水良好,且地下水位不超过1.5 m、土层厚度不少于50 cm的微酸性至微碱性壤土或沙壤土的地方;太和县以外的山区,宜选设在山坡的中、下部,而且靠近水源的地块做圃地。因

为那里地势较平缓、土层深厚、肥力好。前茬育苗地为红芋、蔬菜、杨树、梨树、桧柏等,最好不要做香椿育苗地。因为前茬育红芋等蔬菜的地块,地下害虫多;栽植杨树、梨树、桧柏的地块,锈病致病因子多。

每年 3 月份,当平均气温达到 10 ℃时,就可以播种了。如果 4 月播种,那时的地下害虫和蜗牛的危害十分严重,若不用药物防治,幼苗几天内就损失殆尽。播种前应先轻轻把种翅揉掉并簸去。先用 10% 的福尔马林浸种 15 min,再把种子倒入 50 ℃左右的温水中不停地搅拌,水温下降至 20～30 ℃,继续浸泡 5～6 h,捞出种子,摊在透气性好、保湿、干净的麻布上,厚度为 2～3 cm。由于此时气温适宜,因此次日就可播种了。

二、整地施肥

育苗前应根据具体情况分别采用药剂消毒、熏蒸等方法进行土壤处理。犁地前要施足基肥,选优质腐熟有机肥按照 2500 kg/亩、复合肥 50 kg/亩施用。翻耕深度要在 20～25 cm,随耕随耙,且要深耕细整、清除草根和石块,地平土碎;使土肥均匀混合、土粒细碎、表面平整。把苗床做成高床,苗床宽 60 cm,采用条播,在每苗床中开两条播种沟,两沟相距 30 cm,两沟分别距苗床边缘 15 cm,沟深 3 cm 左右。把沟内浇透水,待水渗下即可播种,每 1～2 cm 要有一粒饱满的种子,然后覆盖 2～3 cm 细土并镇压拍实,以利保墒。最后覆盖宽度合适的地膜。若在出芽前发现苗床土壤见干,要及时浇水,最好是滴灌。

三、苗期管理

播种后 25 d 幼苗就要破土了,要及时人工除草,每 5 d 浇一次透水。

夏季,要注意在苗木上方搭荫棚或遮阳网,并覆盖稻草遮阴。当幼苗大量出土(出苗数达 60%～70%)时,要利用阴天的傍晚,及时分批撤除有碍苗木生长的覆盖物。

四、肥水管理

香椿苗喜湿怕涝,因此前期要加强肥水管理。按照适时、适量的原则进行,可采用喷灌、浇灌、沟灌等方法进行。出苗期(特别是幼苗出土前)时要适当控制灌溉次数,保持土壤湿润;苗木生长初期(特别是保苗阶段)要采取少量多次灌溉的办法;苗木速生期要采取多量少次灌溉的办法;苗木生长后期也要控制灌溉次数,除特别干旱外,可不用灌溉。进入雨季后,应注意及时排涝。在 5~6 月时,应追磷酸二铵 450 kg/hm²,追肥后浇 3~4 次水。

五、矮化壮苗

7~8 月高温多湿,幼苗易徒长,因此应进行人工控制,可将多效唑 300~400 倍稀释,然后隔 15 d 喷一次,或用 500 倍稀释液,隔 7 d 喷一次,连喷 2~3 次,以抑制幼苗徒长,促进其加粗生长、提早封顶,培育矮化壮苗。

六、除草和松土

要及时清除杂草。人工除草时,应在雨后或灌溉后地面湿润时将杂草连根拔除,并积极采用化学除草。除草要遵循除早、除小、除了的原则。松土应结合除草进行。松土要逐次加深、全面松到,保证不伤苗、不压苗,苗根附近松土宜浅,行间、带间宜深。

七、间苗、定苗、疏叶

当苗长出五六片叶时即可进行间苗,间苗 2~4 次,最后按株距 15~20 cm 定苗。间苗要遵循间小留大、间密留稀、间劣留优的原则。要在 8 月中下旬摘去苗干基部的老叶,再疏去复叶,以利于苗木通风透光,促进幼苗的木质化,提高苗木的抗性,减少有害生物和冬季秋梢冻死的发生。

第二节　太和香椿的分蘖育苗

香椿的分蘖育苗是太和香椿最传统的育苗方法,由于香椿的萌发能力强,每年的春夏都会从香椿大树的基部萌发很多小苗,因此分蘖育苗操作简单,成活率高。太和香椿许多优良无性系就是通过这种繁殖方法一代代传承下来的。具体做法就是每年的冬季或春季,把母树周围的根蘖苗用工具挖出,再把每株分离开,分级栽植即可。为了实现分蘖育苗的规模化生产,每年冬季用锋利的铲子,距母树树干 0.5~1 m 进行斩根,若是直径大于 2 cm 的树根,斩伤即可,但不要斩断,以免对母树伤害过大;切记不要连年斩根,要给母树有休养生息的时间。经过斩伤对根部的

刺激,翌年的春夏季,根部的受伤处就可以萌发许多幼苗,当年的 5～6 月份进行一次追肥,可在围绕每株母树树干 50 cm 处进行 3～4 个点的穴施,每株母树的用量不可超过 200 g,施肥时要远离萌发的幼苗。7 月份以后就不要追肥了,以免徒长的秋梢在冬季冻死。待到当年的冬季和翌年的春季就可以分蘖育苗了。

第三节 太和香椿的扦插育苗

香椿的扦插分为嫩枝扦插和硬枝扦插,嫩枝扦插技术要求高,设施条件好,所以生产上一般采用硬枝扦插。

一、硬枝扦插

(一) 圃地选择

同种子育苗。

(二) 整地施肥

育苗前应根据具体情况分别采用药剂消毒、熏蒸等方法进行土壤处理。其他措施同种子育苗。

(三) 高床的规格

由于香椿喜湿忌涝,因此苗床应建高床。具体规格:宽为 60 cm,高为 30 cm。

(四) 插穗的加工

① 每年的 1 月下旬,选择一年生健壮、木质化程度高且直径在 0.5～1.2 cm 的枝条(太粗不易生根,太细为弱枝)。

② 将枝条修剪成 15～20 cm 长度,上口要平整,剪口距上芽的距离约为 1.5 cm;剪口用蜡或油漆涂抹,以防组织水分蒸发。下口剪成马蹄形,斜切口上线距下芽的距离约为 0.5 cm。每 50 根一捆,埋沙中进行黄化处理,以促进愈伤组织的形成。

(五) 扦插

2 月中下旬,当气温开始升高,就可以进行扦插了。首先,把插穗用 0.3% 的高锰酸钾溶液喷施,在湿沙中贮存 24 h;然后,取出下端浸泡在 300 mg/kg 萘乙酸与 1000 mg/kg 吲哚乙酸混合液中浸泡 2 h,后扦插。

由于香椿的扦插成活率较低,株距可以稍密,为 10 cm,行距以适宜除草的宽度 20 cm 即可。为了不损伤刚形成的愈伤组织,可用粗细适宜的插棍在要扦插的点上插一个深度略小于插穗长度的洞孔,再把插穗插进洞孔使插条最上的芽向南并和苗床面齐平,最后把其周围的土壤按实。

扦插完毕,浇透压根水,搭上拱棚,上覆遮光率 80％的遮阳网。有条件的可在温室内用营养钵扦插,方法是用定制的无纺布(可降解)营养钵,其规格是高为 18 cm,直径为 10 cm;基质配方为泥炭土 60％、珍珠岩 25％、谷壳 10％、黄心土 5％。把处理好的插穗垂直放入营养钵,再装好基质并按实,使插穗上端距营养钵内基质表面距离约为 1.5 cm,基质不要装太满,上方留出浇水的空间。扦插完毕的营养钵,按插穗在枝条的上、中、下部位,分类摆放进日光温室或塑料大棚不同育苗区域,然后浇透"压根水"。苗床上方一定要覆遮光率 80％的遮阳网。香椿插穗的成活顺序是先发芽、后生根,待新叶长成,第二次抽梢时,已经生根,此时可把遮阳网换为遮光率低的,直至完全去掉遮阳网。

二、嫩枝扦插

嫩枝扦插相对硬枝扦插而言,又称软枝扦插,是在生长期进行的扦插,具体如下。

(一) 技术要求

苗床和插穗加工及处理的技术要求同硬枝扦插,并在大棚或日光温室进行。

(二) 时间

6 月上旬,当香椿在生长期高生长封顶时,剪下母树的当年生枝条,及时用高锰酸钾消毒,用萘乙酸和吲哚乙酸混合溶液处理(同硬枝扦插),然后扦插,浇透压根水,搭好拱棚,覆好 80％遮光率的遮阳网。由于夏季气温高,因此每天的早晨与下午要向拱棚内喷水,增加棚内空气湿度,保持温度适宜,减少插穗体内水分蒸发。后序生产管理可借鉴硬枝扦插措施。

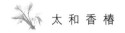

第四节 太和香椿的埋根育苗

一、种根的采收及加工

采穗圃的母树也可以采收种根用于繁育。具体做法是:每年的 1~3 月,选择地径 6 cm 以上、长势健壮的母树,作为采根母树。采根时以采母树为圆心,都在母树同一方向(如每株母树的东侧)180°(半圆)范围内采直径为 0.5 cm 以上的树根。剪取时,上端剪口距主根轴 5 cm 处剪取,这样才能最小限度地伤害母树,使母树的根系尽快修复,第二年再采剩下 180°范围内的种根,以后年份以此类推进行采根。

春季前后,把采回的种根剪成长 12 cm 一段,上端切口宜平,下端切口为马蹄形,然后倾斜 45°摆放在潮湿的河沙中进行催芽。具体做法是:摆一排种根,撒一层河沙,让河沙把种根充分隔开,以利扩散种根的呼吸作用产生的热量;30 d 后,当种根的不定芽萌发至米粒大小(露白)时,即可进行育苗,其方法是用定制的无纺布(可降解)营养钵。营养钵的规格是:高为 13 cm,直径为 8 cm;基质配方:泥炭土60%、珍珠岩 25%、谷壳 10%、黄心土 5%。把催好芽的种根垂直放入营养钵,再装满基质并按实,基质覆盖种根上端厚约为 1 cm,基质不要装满,上方留出浇水的空间。扦插完毕的营养钵,按种根的粗壮与细弱分类,摆放进日光温室或塑料大棚不同育苗区域,然后浇透"压根水"。

在种根出芽前,若营养钵内基质发白变干,则要及时浇水,且要浇透。待出芽后,根据发芽时间的早晚,再分批把苗子与营养钵一起定植在苗圃的不同区域中,这样使同一小区域的苗子长势整齐。定植时,要给新栽的苗子搭上遮阳网,待适应了环境后再逐渐去掉遮阳网,后进行正常的大田管理。

第五节　太和香椿的组培育苗

一、组织培养

植物组织培养具有取材少、培养材料经济、不受自然条件影响、生长周期短、繁殖率高和管理方便等优点,已在农业、花卉和林业等领域得到广泛应用。20世纪80年代以来,香椿的组织快繁研究迅速发展。研究认为,利用香椿半木质化、带腋芽的茎段组培效果较好,芽增殖倍数可达3.38~3.60倍,生根率可达25%~69%。吴丽君取香椿优势木的根蘗苗及母树基部萌芽条移栽至苗圃进行复壮栽培,4~6月选取当年生幼态萌条作为外植体,进行组织培养,在不同培养条件下,芽年增殖系数可达5.6以上,生根率可达90%以上。许丽琼等利用香椿叶片进行组织培养,在不同培养条件下,愈伤组织诱导率可达100%,幼芽增殖率可达63%,生根率可达89%。杨超臣等以香椿种子在无菌条件下萌发的幼苗茎段为外植体,进行组织培养,在不同培养条件下,种子萌发率可达80.56%,幼苗茎段丛芽增殖倍数可达4.82,生根率可达78.16%,平均生根数可达4.8条。为恢复已连续培养35~38代香椿试管苗的增殖能力,张小红等应用噻二唑苯基脲(Thidiazuron,TDZ)进行试验,结果显示 TDZ+0.2 mg/L 1-萘乙酸(1-Naphthaleneacetic acid,NAA)能使不同外植体形成愈伤组织的能力显著提高;TDZ<0.02 mg/L 时,对芽的增殖起促进作用,可恢复腋芽旺盛的分枝增殖能力,生根率较好。

综上研究结果可知:

① 香椿组织培养的基本培养基 MS 和 B5 对培养物生长没有显著影响。

② 细胞分裂素 6-BA 对芽增殖是必需的,其浓度范围为0.5~1.0 mg/L,增殖系数达3~7倍(与种源有关)。6-BA 浓度过高,虽可直接诱导丛状小芽,但玻璃化现象严重。也有研究表明,噻二唑苯基脲具有细胞分裂素的功能,其活性是 6-BA和 ZT 的10~40倍,使用浓度为0.000005~0.01 mg/L,即可对香椿腋芽增殖生长表现出较好的促进作用。

③ 在较低浓度生长素(IBA 或 NAA)的培养基中,2周左右即可生根。

④ 赤霉素(GA3)对紧缩的腋芽伸长有促进作用,浓度为0.1~1.0 mg/L。试管苗移栽前一般都经过炼苗阶段,以不开盖在自然光下炼苗5~7 d,再打开瓶盖炼苗3~5 d,效果较好。移栽基质以新鲜蛭石效果最好,河沙次之。移栽时间以3~7

月为宜,成活率高,易于管理,且生长迅速。移栽前用 10 mg/L 矮壮素(CCC)处理香椿生根苗,可使植株生长健壮、新叶萌生快。詹孝慈等以泥炭、蛭石、珍珠岩和松树皮的 9 种不同配比作为基质,研究其对香椿网袋容器苗生长的影响,综合香椿网袋容器苗生长的各项指标,认为香椿育苗的适宜培养基质为泥炭。

组织培养体系的建立对良种选育、缩短育种周期及以后的分子育种均有重要意义。

二、栽培技术

朱敏等采用塑料薄膜覆盖种植穴表面保湿,可提高香椿苗木造林成活率。曾庆良等采用两段式容器苗造林,造林成活率、高生长量和径生长均显著优于裸根苗。范振富研究认为,香椿造林时每株施入 2.5 kg 农家肥效果最好,与不施肥(CK)相比,树高增长 298.73%,地径增长 270.05%;施复合肥为基肥时,树高和地径的生长量与 CK 差异不显著;造林翌年 4 月,每株追施 125 g 尿素＋97 g 氯化钾或 255 g 复合肥,树高生长量比 CK 高出 148.34% 和 97.66%,地径高出 118.13% 和 68.75%。王延茹等通过树干解析及样地实测资料,拟合四川香椿生长模型,结果显示树高、胸径和材积的速生期分别为 5~12 年、5~20 年和 10~30 年,材积成熟林龄在 20 年之后。王延茹等研究结果显示,以碳汇功能为目标种植香椿,最佳的种植方法为初植密度 1666 株/hm²,速生期保留密度 405 株/hm²,成熟期保留密度 240 株/hm²。肖兴翠等对造林密度为 1665 株/hm² 的香椿林在 7 年生时间伐 1/3,保留密度 1100 株/hm²,该处理方法对香椿胸径、树高、单株材积和冠幅均有不同程度的促进作用,对林分蓄积的促进作用最大,对干形削弱作用较小。贾晨等采用树干解析法分析 27 年生香椿人工林生长规律,结果显示,胸径、树高和材积的年均生长量分别为 1.41 cm、0.83 m 和 0.03624 m³,材积数量成熟林龄为 26 年。这些研究成果为定向培育人工林和合理采伐香椿木材提供了科学依据。

第六节 香椿采穗圃的建立

为了保证香椿的繁育和生产的苗木能保证其良种的优良性状以及椿芽独特的品质和风味,所以要采用无性繁殖,主要措施有扦插、埋根、分蘖、嫁接、组培等。在现阶段规模化生产中,如常用的有扦插、埋根、分蘖、嫁接等,所需的良种繁育材料,只有香椿良种采穗圃才能保质保量满足需要,所以建好香椿良种采穗圃,对香椿的繁育和苗木生产很有必要,具体步骤如下。

一、采穗圃地选择

在选择固定圃地时,要注意选择地势平坦、交通方便、有水源、排水良好,地下水位不超过 1.5 m、土层厚度不少于 50 cm 的微酸性至微碱性壤土,土壤肥沃、通透性好的地方作为基地(图 5-1)。

图 5-1 香椿采穗圃

二、整地施肥

育苗前应根据具体情况分别采用药剂撒施、熏蒸等方法进行土壤消毒。同时进行整地,且要深耕细整、清除草根和石块、施肥均匀、地平土碎。翻耕深度要在 20~25 cm,随耕随耙,及时平整、镇压。整地时要施基肥,施优质腐熟有机肥 2500 kg/亩,复合肥 50 kg/亩,做到土肥均匀混合。

三、建造高床

由于香椿喜湿忌涝,因此采穗圃的母树应栽植在利于排水的高床上。具体做法是:先在整平的土地上确定畦床的走向(一般畦床的走向与该地块的主路走向垂直),这样有利于以后的劳动作业;然后再垂直于主路走向在田间做高床,高床上口宽为 5 m,下口宽为 6 m,两床之间排水沟上口宽为 1 m,深为 0.4 m。

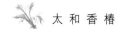

四、种苗的选择

建采穗圃应选择香椿良种,如太和黑油椿、太和红油椿、太和青油椿以及占比很少的太和香椿其他无性系的幼苗。因为随着香椿产业的发展,人们种植太和香椿良种越来越多,而非良种的无性系无人问津,面临着绝种的危险。为了保护太和香椿的种质资源,栽植一定规模的其他无性系苗木十分必要。种苗选择1年生壮苗,地径为1.2 cm、高为1 m以上,无焦梢、死梢,无检疫病虫害的苗木。

五、苗木的定植

刚出圃的苗木有的根系过长,应略加修剪,栽植时使根系舒展。栽植深度与出圃前持平或略深,每床定植3行,行距为2 m,每床边行距离床外缘0.5 m,株距为1.5 m。定植苗为矩阵整齐排列,使劳动作业行走路线最短,能减小劳动强度。栽植完毕要浇透压根水,在离地面0.3 m处截干(0.3 m处再发枝,下部预留的空间不影响锄草、打药等),然后在切口涂抹蜡或油漆,以减少组织水分蒸发。

六、母树的矮化修剪及插条枝的培育

待新枝长到0.3 m或谷雨后,选择3～4个生长健壮、角度分布均匀的新枝作为一级分枝进行培养。冬季至第二年春季,树液开始流动前(避免伤流发生),1年生的枝条就可以用作扦插(或采芽)了。具体的做法是:在距离地面0.8～1 m处(在该高度处修剪时可不弯腰不抬臂,劳动强度较小)用卡剪(修枝剪)把以上的枝条全部剪去(或在春季采芽后修剪)。在第二年的春季,一级分枝会萌发许多枝条,母树的根部也会发出小树,去除长势弱的枝条,其余全部留下继续生长。待到第二年冬季至第三年春季,将直径小于1.2 cm(经试验发现,直径小于1.2 cm的插条成活率高)的枝条用于扦插,大者用于采芽,适时修剪、采芽(根部萌发的小树不修剪,用于育苗)。采芽后,把距地面0.3 m以下的枝条剪掉,余者距地面0.8～1 m处修剪。以后逐年如此培育。3年采穗母树即成型。

第七节　太和香椿采茶园的建立及其栽培技术

阜阳师范大学抗衰老中草药安徽省工程技术研究中心与原太和县苗圃联合研发出的香椿养生茶,发挥了香椿的多种药用价值与保健作用,保留了香椿的原始风味,满足了现代人对美味与健康的追求。

为保证香椿制茶的规模化和标准化生产采芽的需要,建立露地采茶园很有必要。由于香椿茶对椿芽的独特要求,芽要求芳香馥郁,质嫩、色艳、油质适中而不腻、芽的外观短小纤细,因此对香椿采茶园的建立及采茶树都有特殊的要求,具体如下。

一、采茶圃地选择

选建采茶园时,要求地势平坦、无污染源、远离交通要道(空气污染)、浇灌和排水条件良好,地下水位不超过 1.5 m、土层深厚的微酸性至微碱性壤土、土壤肥沃、通透性好的地块作为采茶园。

二、整地施肥

栽植前,应根据具体情况采用药剂撒施或熏蒸等方法进行土壤消毒。整地前要施足底肥,做到土肥混合均匀:施腐熟有机肥 45000 kg/hm^2,复合肥 750 kg/hm^2。

要深耕细整,清理土壤中的杂物,翻耕深度要在 25 cm 以上,随耕随耙,表面及时整平。

三、建造高床

由于香椿喜湿怕涝,因此采茶树应栽植在利于排水的高床上。具体做法是:高床上口宽为 4 m,下口宽为 5 m,两床之间的排水沟上口宽为 0.8 m,深为 0.5 m。高床的走向应与该地块的主路走向垂直,以有利于以后的劳动作业。

四、品种及种苗的选择

建香椿采茶园应选择香椿良种。通过对太和黑油椿、太和红油椿、太和青油椿等三个优良品种进行茶加工后的外观和口感进行比较,结果发现:太和黑油椿无论加工成绿茶还是红茶,汤汁口感都过于油腻;太和青油椿由于起薹过早,加工成茶后,外观粗大不够美观;而红油椿由于椿芽采时不起薹,加工成茶后,外观纤细,美感较强,汤汁入口浓香适中、回味悠长。因此,建议露地栽培香椿茶园的品种以太和红油椿为首选。苗木选择 1 年生,地径在 1.0 cm、高 1.2 m 以上,顶芽饱满、无枯黄梢、健壮的苗木。

五、苗木的定植

刚出圃的苗木有的根系过长,应略加修剪,保证栽植时穴大根舒。栽植深度与出圃前持平。每床定植三行,行距为 1.5 m,每床边行距高床外缘 0.5 m,株距为 1.5 m。定植苗相邻两行采用耙齿行排列,使植株能最大限度地利用空间,更好地采光、通风与生长。栽植完毕要浇透压根水,在距离地面 0.2 m 处截干(0.2 m 处再发枝,下部预留的空间不影响锄草、打药等),然后在切口涂抹油漆或愈合剂,以减少组织水分蒸发。

六、矮化修剪整形

待新枝长到 0.3 m 或谷雨后,选择 3~4 个生长健壮、角度分布均匀的新枝作为一级分枝进行培养。第二年春季,一级分枝会萌发许多枝条,去除长势弱的枝条,其余全部留下继续生长,这样有利于植株的通风透光,减少病虫害的发生。由于香椿茶所用芽不需要特别肥大,所以采茶株的控制应尽量矮化、树枝较稠密。采芽母树的整形过程中,由于香椿顶端优势较强,上一年整好的头状树形,在春季和夏季生长发育中,会有一个或几个长势突出的徒长枝,因此要结合采芽(摘心)进行控制,也可短截。摘心或短截宜在植株生长期间,即每年 4 月初至 7 月中旬进行,20 d 左右便可发生 2~5 个侧枝,当年可长出 10~15 cm 长的充实短枝,通过其进行采芽和短截等干预措施,控制了其徒长枝的长势,均衡了树势,使以后椿芽长势大小均匀。三年后矮化整形的植株就形成了头状树形。香椿茶园如图 5-2 所示。

翌春即可采收香椿芽,制茶采芽时可结合椿芽深加工进行台制香椿酱。

具体做法是：每年4月1日前后，当香椿可食用采摘时把芽采下，然后把椿芽顶端3～4 cm的幼嫩心芽摘下用于制茶，以后每当再生芽长到10～15 cm时，可再次采摘，并按上面所述摘下制茶芯芽；每年可采摘4茬。芽后，把距离地面0.2 m以下的枝条剪掉，余者距离地面0.5～0.6 m处修剪。

图5-2　香椿茶园

摘心或短截后，可使树体枝量增加2～2.5倍，产量提高1.5～2倍。香椿的平均株高控制在3 m以内，较普通栽培香椿可降低株高3～4 m，极大地方便了采摘，减少了采摘用工，而且提升了椿芽的品质，增加了产量，提高了效益。

第八节　太和香椿经济林的营造技术

太和香椿经济林的营造技术包括以下内容：

① 品种的选择。选择太和黑油椿、太和红油椿、太和青油椿。

② 营造林模式。采用矮化密植，矮化密植造林多年后形成的丛生树形不仅方便生产管理，而且发芽早、上市早、效益高、产量高。

③ 造林地的选择。土壤为沙壤、两合土等通透性良好的土壤类型，选择不易积水的地段，且雨季能排水。最好采用高床，株行2 m×2 m(做床、种植方法以及矮化管理同采穗圃的建立)。采芽后，每年4月下旬至5月上旬(香椿采芽3～4

茬)在植株的 0.8～1 m 处剪除所有枝条,就能很好地控制植株的高生长(壮枝最高达 3 m),翌年春采芽就方便了(图 5-3)。

图 5-3 香椿头状树形修剪

④ 追肥。截干后及时追肥以补充植株采芽造成的营养缺失,最好每亩施有机肥 1000 kg,采用沟施法。

⑤ 对于夏季长势过旺的枝条要及时摘心,控制高生长。

⑥ 对于树基部萌发的幼苗,除了用于生产经营以外,只要不影响生产作业,都可保留用于椿芽的生产,幼苗不仅能增加椿芽的产量,而且发芽早、上市早、价格高,椿芽肥厚。三年以后采芽植株由头状树形变成丛生状。

第九节　太和香椿菜材两用林的营造技术

太和香椿菜材两用林的造林密度比矮化密植要小,主干有利于采芽者攀爬采芽,树干的各段在采伐后又符合原木生产的有关标准,具体如下:

① 品种的选择。主要有太和红油椿、太和青油椿、太和黑油椿、青椿、黄罗伞。

② 立地条件和土壤类型(同矮化密植)。

③ 株行距 3 m×4 m,栽植时间为冬季或春季。

④ 第二年春季采芽以后,在地上 2 m 高处进行截干,待新发芽长出时,在主干

上端选择 2～3 个角度分布均匀、生长旺盛的芽,培养成一级侧枝,然后进行追肥,促使它们加快高生长,待达到充分高时,在 4 m 以上进行摘心或截干,再发枝就任其自然生长,以后每年采芽后都在该高度进行短截即可。这样第一次预留 2 m 高度和第二次预留 4 m 高度成材后既能达到有关原木标准,也矮化了植株,截干所形成的丫杈方便攀爬采芽,减小了劳动强度。

第十节　太和香椿用材林的营造技术

太和香椿用材林的营造技术包括以下内容:

① 品种的选择。主要有青油椿、青椿、米尔红、黄罗伞等。

② 选择粗壮无黄梢、焦梢的干形笔直的苗木。苗木规格要求高度在 3 m 以上,地径为 4 cm 左右。

③ 株行距为 4 m×5 m。

④ 造林地和选择同经济林的造林。整地模式是全垦加大穴,即冬季深翻土地以后,按设计好的株行距进行挖穴,穴的规格为 50 cm×50 cm×50 cm,挖穴的土壤表土和心土要分别堆放,表土要拌有机肥,比例为 1∶3。待到立春气温回升,即可起苗栽植了,栽植时若有不同品种,要将相同品种的香椿树栽植在一起,忌不同品种香椿树混在一起栽植。由于香椿是肉质根,不喜栽深,喜通透性强的立地条件,因此栽植时不能过深,应和育苗时深度相近。过长的根要剪短,做到根系舒展,封土时要适当上下晃动,以利土根结合,栽好后浇透压根水。生长旺季要定期中耕除草,雨季对积水地段及时排水,夏季要追施复合肥,冬季对力枝以下的枝条进行修剪。

第十一节　太和香椿混交林的营造与经营技术

太和香椿与太和樱桃都是太和县的特色树种,两者都有相似的习性,即喜水怕涝,根系在土壤中分布较浅,喜通透性较好的立地条件;两者传统的栽植区域都在沙颍河两岸,尤其是沙颍河湿地公园最为集中。太和香椿与太和樱桃营造混交改善了生态环境,增强了林分的防护功能,林分结构相对稳定。混交类型常见的有株间混交、行间混交。这里主要介绍的是以食材为主的香椿混交林的营造(图 5-4)。

图 5-4　太和香椿与太和樱桃混交林

一、株间混交

造林地的选择、整地以及品种的选择同香椿经济林的营造,主要树种为樱桃,株行距为 4 m×3 m。由于香椿和樱桃喜湿忌涝,因此混交林的营造应建立高床。具体做法是:首先在整平的土地上确定畦床的走向,一般畦床的走向与该地块的主路走向垂直,这样有利于以后的劳动作业;然后垂直于主路走向,在田间做高床:高床上口宽为 3 m,下口宽为 4 m,两床之间的排水沟上口宽为 1 m,深为 0.4 m,床上面呈弧形。

二、苗木规格

香椿地径为 1.2 cm,高大于 1 m,樱桃地径为 2～3 cm。混交林长到郁闭以后,香椿的树冠居于上方,为了丰产以后,各树种间的相互影响较小,也为了樱桃品质保持较好,因此,采用每定植三棵樱桃树间隔一棵香椿的方式栽植,成林后香椿的树型采用矮化的模式或菜材两用树型模式进行培养,樱桃采用丛状树形进行培养。

三、行间混交

整地、做床以及品种的选择与株间混交相同,行距为 4 m;樱桃株距为 3 m,香椿株距为 5 m。为了减少香椿对樱桃口感、品质的影响,可两行樱桃间隔一行香椿进行栽植。

四、林农间作

太和香椿的林农间作主要是目的树种与小麦、大豆等粮食作物进行间作。种植时,香椿的行距为 5 m,株距为 3 m。每年采芽 2 次以上,5 月下旬就不能进行采芽了。每年会有根蘖苗发出,可以保留下来培养成采芽株。三年以后,原定植的植株就成了丛状。这样既达到了密植,矮化了树形,又增加了产量。因此,每年要着重修剪横向的分枝,以免影响粮食种植的作业。

第十二节　太和香椿的保护地栽培

一、品种选择及苗木培育

(一) 精选良种

在太和县,香椿的保护地栽培所用的苗木是以山东的香椿品种为主,太和香椿由于连年采芽,几乎没有结种现象,而太和香椿良种仍是以传统的无性繁育为主,该方法生产的苗木成本过大,导致苗木价格过高,是山东苗木价格的 6 倍以上,因此不宜用于香椿的保护地栽培。近几年,由于农民外出打工等情况,不少香椿没有采芽,出现了结种现象,因此可以采种苗。在育苗过程中,要筛选苗木外部特征和芽的品种,对太和黑油椿、太和红油椿、太和青油椿等良种植株进行保留,用于保护地的栽培,劣质植株予以淘汰。山东的香椿品种以红香椿和褐香椿为优。红香椿叶柄和嫩叶呈棕红色,鲜亮,特点是色泽好、香气浓、味甜,一般 6～10 d 即长成商品芽。褐香椿嫩芽初生时芽柄和嫩叶呈褐红色,鲜亮,特点是芽柄粗壮、香气浓郁、略有苦涩味,一般 8～12 d 长成商品芽。大棚栽培一般不用绿香椿(即菜椿)。

选择生长健壮、性状优良的采种母树,在 10 月上旬剪取果梗,及时摊开晾干,脱出种子,必要时轻轻敲碎果皮,使其迅速脱粒。应选择外形饱满、种皮颜色新鲜(黄色)、黄白色种仁、净度在 98% 以上、发芽率在 80% 以上的种子。播种前,先做发芽试验,禁止使用陈旧种子。

（二）播种时间

当日平均气温稳定在 15 ℃时即可播种。北方地区一般在 4 月上中旬,保护地栽培可以适期早播。

（三）种子处理

首先搓去种子上的翅膜,然后进行浸种催芽。浸种先用 0.5％的高锰酸钾溶液浸泡 24 h,接着用清水洗净,之后温水浸种 10～12 h;或者将种子倒入 45 ℃左右的温水中连续搅拌,待水温降至 25 ℃以下时停止搅拌,再浸泡 12 h。浸种后将种子捞出,摊放在草苫子或苇席上,厚度控制在 3 cm 以下,上面加盖洁净透气的湿布,然后把温度保持在 20～25 ℃范围内进行催芽。催芽期,每天清水冲洗一次,待有 1/3 的种子露白即可播种。

二、苗圃地选择

苗圃地要选地势平坦、质地疏松、有机质含量高、通透性较好、背风向阳、排灌方便的沙壤土。进行 2 次深翻耕地,第 1 次进行秋耕,深度为 25～30 cm,耕地时严防漏耕;第 2 次在翌春土壤解冻后至播种前,每 667 m² 施入优质农家肥4000～5000 kg,过磷酸钙 250 kg,0.3％～0.5％的硫酸亚铁 15～20 kg,进行浅耕。香椿种粒较小,播种前,整地要细,应选择平坦地面,播前镇压、保墒。

三、浸种催芽

（一）种子消毒

用 0.5％的高锰酸钾溶液浸种 2 h 或用 1％～2％的清洁石灰水浸种 24～36 h,石灰水的用量应高过被浸种子 15 cm,将种子倒入石灰水后,不断搅拌,搅拌后静止,使石灰水表面保持一层碳酸钙薄膜,可隔绝空气,收到无氧灭菌效果。

（二）种子催芽

香椿种子在播种前 5～7 d 进行催芽,催芽用 40～50 ℃的温水,种子用量为水体积的 1/3,注意边倒边搅拌,一定要搅拌到不烫手为止,让其自然冷却;浸泡 8～10 h 后,换用清水浸种 6 h,捞出沥去水分,用多层纱布包好放于 20～25 ℃温暖处催芽,每天用清水冲洗 1～2 次,当 1/3 种子露白时即可播种。

四、播种

香椿露地播种的时间为 3 月中下旬,温床播种可提前 10 d 左右。香椿种子发芽温度为 18 ℃左右,当日平均气温达到 15 ℃,即可播种。

播种方法有条播、撒播两种。播前配制营养土,将熟土和腐熟的圈肥以 7∶3 的比例混合过筛,再加入 0.5% 的三元素复合肥。床面用 50% 的多菌灵 500 倍溶液喷洒,以防立枯病的发生。条播畦宽为 1 m,长度按需要而定,畦内铺营养土,按行距 30 cm 开沟,沟宽为 5～6 cm,深为 2～3 cm,沟内浇水,将拌有细沙的种子均匀地撒入沟内,用种量为 3.5～4 g/m²,覆土厚为 1 cm,撒播用种量为 6～7 g/m²。播种后,畦面上覆盖地膜。

五、苗期管理

(一) 苗床管理

当香椿苗长出 2～4 片真叶时,开始间苗除草,保持苗间距 15 cm 左右,每亩留苗约 2 万株。同时加强水肥管理,进行叶面喷肥。雨季停止浇水,8 月下旬喷 1～2 次 100 mg/kg N-二甲胺基琥珀酰胺(俗称"比久"),以促进苗木封顶,形成饱满的顶芽及发育良好的腋芽,培育出优质壮苗。

芽苗破土后要及时揭膜放苗。香椿苗期极易发生立枯病,应特别注意对该病的防治,通常用多菌灵或甲基拖布津喷根茎。前期尽量少浇水,雨后及灌溉后及时松土,雨季注意排水。当幼苗高 5～6 cm 时进行第一次间苗,苗间距为 5～6 cm。当苗木长有 4～5 片真叶、茎高 10 cm 左右时定苗,每亩留苗 4500 株,其余苗带土异地栽植,密度为 5500 株/亩。实践证明,移栽的苗木根系发达,质量更高。香椿定苗之后,遇旱浇水,并注意及时松土除草。移栽苗木浇透水 1 次,以保证成活率。6 月下旬至 7 月上旬,可根据苗木生长情况,结合浇水,每亩追施三元素复合肥 35 kg,以满足苗木生长对肥料的需求。当苗高达 60 cm 以上时,即可对苗木进行矮化处理。用 15% 的多效唑可湿性粉剂 200 倍液喷洒叶面,每 10～15 d 喷洒一次,连续喷洒 2～3 次,以利于培育出枝干紧凑、矮壮的苗木。8 月下旬停止浇水,以促进苗木的木质化和加粗生长。

(二) 起苗定植

起苗的时间根据霜期来决定,山东省一般在立冬前,即 11 月上旬起苗定植。

起苗前 5~10 d 浇一次透水。起苗时尽量少伤根,并根据苗高对苗木进行分级。同级苗木高差不超过 10 cm。选择顶芽饱满、根系发达、地径 1 cm 以上、无病虫害的壮苗进行栽植。

六、扣棚前管理

幼苗定植时即做好规划,留出大棚后墙、侧墙的建墙场地。按南北方向作畦,畦宽为 1.5 m,每畦栽 3 行,株距为 15 cm,平均每亩栽 7 000~8 000 株。幼苗在苗圃内要加强管理,7 月中旬根据香椿苗的生长情况摘心 1 次,每棵留 2~3 个侧枝,如树苗较弱则不摘心,只利用主干顶芽。幼苗秋后适宜的高度为 1~1.2 m,为了使幼苗及早停止发生新叶,生长后期施用 1 次磷钾复合肥。

七、棚室内管理

10 月下旬至 11 月中旬,开始加盖草帘防寒,确保棚内白天温度达到 12~18 ℃,夜间不低于 8 ℃。如果扣棚后在春节前 20 d 顶芽尚未萌动,要采取适当的加温措施。晴天草帘早揭晚盖,充分见光,这样扣棚 40~45 d 后顶芽即萌发,春节前后椿芽长至 20~25 cm 时采摘,用剪刀剪下新芽,但要留 1~2 片叶,从春节至 3 月中旬,可采芽 2~4 次,每亩产椿芽 500 kg。3 月中下旬,将幼树移出大棚。香椿苗木贮存的养分基本上消耗殆尽,再发生的芽质量差、产量低、效益不理想。这一时期应及时将棚内香椿苗木放风,然后移至棚外已备好的苗床内,加强肥水管理。

(一) 建棚

1. 棚址选择

在低山丘陵区,要选择背风向阳的山坡中下部。塑料膜要受光充足,不能被树木或房屋等建筑遮阴。塑料棚内的土壤要湿润肥沃,排水良好,无严重病虫害。平原区每隔 10~15 m 还要设立一道高为 2 m 左右的防风障。

2. 建棚原则

大棚要保温,采光性能好,成本低,稳固性强。

3. 建棚方法

采用冬暖式立柱大棚,棚长为 70 m、宽为 7.0 m,东西走向,北面用土夯成高为 2.0 m、宽为 0.6 m 的土墙,东西两面也用土筑成宽为 0.6 m 且有一定坡度的土墙,南面不筑墙(棚顶离地面 1.0 m),用竹竿将棚顶连为一体。脊高为 2.6 m,脊顶与后墙之间的斜距为 1.2 m。棚内使用水泥柱支架,棚后坡用玉米秸、麦秸泥敦实。

(二)整地与定植

定植前,每亩施优质圈肥 10000 kg、草木灰 100 kg,深翻 30 cm,耙平做畦,畦面宽为 1 m,埂宽为 0.4 m。立冬前后将香椿苗木移植到大棚,栽植行距、株距均为 15 cm,密度为 3 万株/亩。栽植时随浇一次定根水,覆土略高于原埋线。定植后不立即覆膜,经过 15～20 d,苗木休眠期结束再行覆膜。

(三)覆膜后的管理

定植后的前 10～15 d 为缓苗期,白天温度控制在 28 ℃左右,夜间温度为 15 ℃以上。顶芽萌动后,白天温度控制在 20～25 ℃,夜间温度在 15 ℃以上。此期,外界气温较低时棚内架设小弓棚挂双层膜,夜间棚外要加盖草帘保温。遇到特别寒冷的天气,还要采取人工升温措施。棚内空气相对湿度控制在 65%,湿度过高不利于椿芽生长,椿芽易受到病害。中午,若棚内气温过高,可开启通风口降温调湿。

(四)采芽后的管理

香椿二次采芽后一般不再进行采芽,需对树体修剪管理。具体方法是:离地面 10 cm 进行剪截,剪截高度尽量一致,剪口下 2 cm 处需有一个饱满芽,以利于抽生新枝。结合修剪每亩撒施尿素 20 kg,并及时浇水。当棚外平均气温上升至 18 ℃时,开启通风口炼苗,并逐渐揭去棚膜。及时除萌抹芽,每株保留一个健壮枝条。由于部分植株会从茎基处抽生新枝,对这部分苗木要重新截干,及时剪除新枝之上的无芽干。生长季内每隔 20 d 向叶面喷肥一次,前期以尿素为主,肥料浓度为 1%;后期以磷钾肥为主,浓度为 0.2%。当部分苗木的高度达到 60 cm 时,及时对这部分苗木喷施多效唑,抑制该部分苗木的高生长,以利于低矮苗的生长,促使整体苗木高度一致。

(五)恢复培养

清明节后,大田香椿上市,大棚香椿生产结束,需移出苗木栽到露地,进行恢复培养,到 11 月份进入下一个循环。

第十三节　太和香椿在园林中的应用

太和香椿树体高大,树干通直圆满,树皮皲裂苍劲,树冠丰满宽阔,树干直径为

20 cm 以上的大树凸显的板状根,如巍然屹立长者。每当春季来临,嫩芽萌发,鲜红、粉红、紫红的椿芽装扮着多彩的春天,所以香椿也是园林绿化的好树种。

香椿用于园林绿化要考虑其习性。香椿是肉质根,喜水怕涝,故栽植香椿时要选择地势较高、排水通畅的地方,将其作为高大乔木去布局。

一、香椿在庭院绿化的应用

居家庭院种植香椿在皖北等地是常见的,既可采芽,也可用作观赏。由于香椿是高大乔木,当庭院面积不大时,栽植不宜超过两株,应对称布局在庭院的西北与东北,这是因为布置在西北方夏季遮阳效果较好,能起到避暑的作用。左右种植的位置不要正对窗户的中线,避免遮挡屋主人的视线,这也是中国人的居住习俗。可以和桂花树、枇杷树搭配,达到高低错落、常绿与落叶结合的视觉观赏效果。树的主干距庭院围墙的距离要大于 1.5 m,以防外人攀爬。

二、香椿孤立木的配植

香椿树要种在地势较高,雨季不积水、排水通畅的地方。例如,种植在微地形的顶部,既能排水,又能凸显香椿作为高大乔木的魁梧的雄姿。为了达到这样的艺术效果,与之搭配的植被最好是草坪,这样最能形成鲜明的对比;还可搭配小乔木,如碧桃、月桂、红叶李;搭配灌木类,如石楠球也可。

三、丛植式配植

香椿丛植式配植在园林中,株距为 3.5～6 m 不等,一般为三株、五株、七株、九株等,奇数配植能产生不对称的视觉冲击,使构图更加灵活富有变化,从而达到引人入胜的艺术效果。

(一)三株配植

有主景树、副景树、配景树。主景为最高大树木,主干要通直圆满,树冠要宽阔丰硕,基部最好有板状凸起、长势茂盛。副景又称次景,树的体型大小稍逊于主景树,可正可斜,但树姿要与主景树配合,两相呼应,切忌与主景树左右相离。配景树为三株树中体型最小者,配植在距主景树最近,最好是斜干或曲干式,三点呈不等边三角形,主景树与副景树相距最远,与配景树相距最近,远近对比鲜明。这样既能衬托主景树高大魁梧,又能使整体布局正中有曲,变化灵活。

（二）五株配植

要有主景树、副景树和配景树，主景树、副景树和配景树的选材和三株配植模式相似，但变化更加灵活多样，布局时可分两个集团：主景集团三株树、副景集团两株树，主景集团三株树与副景集团两株树远近相宜，这样可以做到有远有近，疏密相间。整体布局要自然、灵活、多变，切忌呆板。

（三）七株配植

有一棵主景树、一棵副景树，其余则为配景树。七棵树的配植可根据不同的环境和树种选择进行构图，围绕主景树的配景树可多些，围绕副景树的配景树应少一些。主景集团和副景集团距离相距要大些，总体布局要做到疏密相间，构图灵活多变。也可以在配植树的体量上没有大小、主次之分，构图自然和谐、富有变化，配植做到疏密相间即可。

四、行道树的配植

在主干道上用香椿做行道树，栽植点距主路边要大于 1 m，这是因为：① 香椿是高大乔木，距树边较远就能达到防护效果；② 香椿根系喜疏松透气的立地条件，距路边稍远较好。栽植双行时，外面一行最好是香椿，内一行最好是女贞、桂花、红叶石楠，做到高矮、常绿与落叶结合。

香椿做行道树较适宜在副路或乡间小路，因为那里人为活动少，立地条件好。香椿做行道树时，株距宜为 4～6 m，栽植双行时，要适当加大距离。

参 考 文 献

［1］　田俊华，吴建民. 香椿保护地栽培技术[J]，蔬菜，2006(8)：15-16.

［2］　徐秀平. 香椿保护地栽培技术[J]. 现代农村科技，2014(13)：20-21.

［3］　焦晓光. 香椿保护地栽培管理技术[J]. 林业科技开发，2003,17(6)：50-51.

［4］　李永耐，孙伟，王红. 香椿育苗及大棚栽培技术[J]. 中国水土保持，2006,9：46-47.

第六章　太和香椿的有害生物防治

第一节　香椿地下害虫及防治

香椿的地下害虫对香椿的幼苗危害较大,可造成植株生长缓慢甚至死亡,育苗、造林前应提前对土壤进行消杀。

一、蝼蛄

蝼蛄(*Gryllotalpa spps.*),属直翅目、蟋蟀总科,是蝼蛄科昆虫的总称(图6-1)。蝼蛄俗称拉拉蛄,不完全变态,不仅采食幼苗的叶片,还采食根茎。

图6-1　蝼蛄

防治方法:

① 做苗床前,每亩施以3%的辛硫磷颗粒剂8 kg,用细土拌匀,撒于土表再翻入土内。

② 毒饵诱杀:用90%的敌百虫原药1 kg加饵料100 kg,充分拌匀后撒于苗床上,可兼治蝼蛄和蛴螬及地老虎。

③ 灯光诱杀：一般在晚上 8:00~10:00 时用黑光灯诱杀。

二、小地老虎

小地老虎（*Agrotis ypsilon Rottemberg*），又名土蚕，属鳞翅目，夜蛾科，是香椿苗圃地常见地下害虫（图 6-2）。幼虫 3 龄后，会咬断幼苗嫩茎。一年 4 代，尤其第 1 代 4 月中旬至 5 月中旬严重危害出土不久的香椿实生苗，多夜间出土活动。

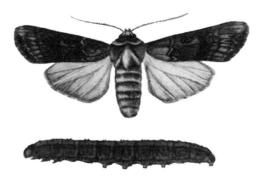

图 6-2　小地老虎

防治方法：

① 在发生盛期用黑光灯诱杀成虫。

② 春播幼苗出土前或幼虫 1、2 龄时，清除杂草，及时烧毁或沤制肥料，防止杂草上的幼虫转移到幼苗上，从而危害幼苗。

③ 可于清晨在圃地人工挖出幼虫杀死，也可以用灌水法，迫使幼虫出土，然后杀死。

三、金针虫

金针虫是鞘翅目（Coleoptera）叩甲科（Elateridae）幼的通称（图 6-3），危害植物根部、地下茎、茎基等地下部分。

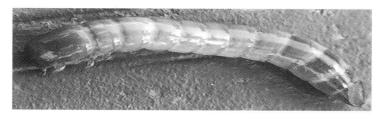

图 6-3　金针虫

防治方法：

每亩施以3％的辛硫磷颗粒剂8 kg，用细土拌匀，撒于土表再翻入土内。

四、金龟子

金龟子是鞘翅目金龟子总科（Scarabaeidea）的通称（图6-4），是以啮食植物根、块茎或幼苗等地下部分为主的地下害虫。幼虫（蛴螬）危害植物的地下部分，成虫时危害植物的叶、花、芽及果实等地上部分。成虫咬食叶片成网状孔洞和缺刻，严重时仅剩主脉，群集为害时更为严重。在傍晚至晚上10：00咬食最盛。幼虫咬食香椿近地面的茎部、主根和侧根。

防治方法：

(1) 在新鲜被害植株下深挖，可找到幼虫集中处理。

(2) 用25％的氯氰菊酯乳油1∶500倍液喷施。

图6-4 金龟子

五、黑绒金龟子

黑绒金龟子（*Serica orientalis*），属鞘翅目鳃金龟科（图6-5）。在3月底发生，对苗圃的香椿幼苗危害很大，成虫出土时取食幼苗的嫩茎、叶，使受害株形成弱苗甚至死亡。

防治方法：

① 在新鲜被害植株下深挖，可找到幼虫集中处理。

② 用25％的氯氰菊酯乳油500倍液喷施。

③ 冬季在林地内结合其他作业进行土壤消毒，杀死越冬成虫。

图6-5 黑绒金龟子

第二节　香椿的食叶害虫及防治

由于香椿特有的气味，一般不会发生严重的食叶害虫危害，少量的虫害发生是当地生态系统平衡的正常现象，无须化学防治。在大面积的香椿纯林发生虫害时，可采用物理、生物以及诱集剂或诱集木等方法防治，确保香椿食材生产的绿色环保。

一、北京华蜗牛

北京华蜗牛[*Cathaica（Xerocathaica）pekinensis*]，属软体动物门，腹足纲，柄眼目，是巴蜗牛科华蜗牛属（Cathaica）的动物（图6-6）。每年3月下旬开始活动，是香椿常见的害虫，为陆生软体动物，各地均有发生。该蜗牛白天潜伏，傍晚或清晨取食，遇有阴雨天多整天栖息在植株上。喜栖息在植株茂密低洼潮湿处。温暖多雨天气及田间潮湿地块受害重。遇有高温干燥条件，蜗牛常把壳口封住，潜伏在潮湿的土缝中或茎叶下，待条件适宜时，如下雨或灌溉后，于傍晚或早晨外出取食。

图6-6　北京华蜗牛

防治方法：

① 人工捕捉，集中杀灭。

② 80％的四聚乙醛，500倍液对干、枝、叶进行喷施。

③ 6％的四聚乙醛颗粒剂，下午撒在树的周围，傍晚蜗牛出来取食，即可毒杀。

二、刺蛾类

刺蛾类,属鳞翅目,刺蛾科,常见的有黄刺蛾(*Cnidocampa flavescens* Walker,图 6-7(a),图 6-7(b))和青刺蛾(*Latoia consocia* Walker,图 6-7(c),图 6-7(d)),为杂食性害虫,初龄幼虫只取食叶肉,而将叶脉留下,幼虫长大以后,可将叶片吃成缺刻,以至只留下叶柄和主脉,严重影响树木生长。

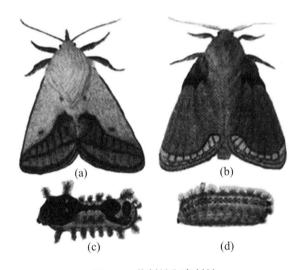

(a)

(b)

(c)

(d)

图 6-7　黄刺蛾和青刺蛾

防治方法:

① 摘除越冬虫茧:冬季落叶后,树上虫茧裸露,结合修枝摘除虫茧。

② 灯光诱杀:利用成虫趋光性,在成虫羽化后,每晚 7:00～9:00,设黑光灯诱杀成虫。

三、茸毒蛾

茸毒蛾(*Calliteara pudibunda*),又名绒毒蛾,属鳞翅目,毒蛾科(图 6-8)。原为杨树食叶害虫,在香椿规模造林地发生较多。

2 龄期前群集啃食叶肉。进入 3 龄后,分散取食。进入 5 龄期,食量增大,可将叶片啃食只剩叶脉。受惊后体曲卷,假死落地,稍后迅速爬行。幼虫期体色呈浅黄、黄黑色等。幼虫化蛹多在树皮缝、枝杈、伤疤、丛枝中。

防治方法:

茸毒蛾一般不会对香椿产生大的灾害,因此为了保护生态环境以及生产高品质椿芽和椿叶,无须进行化学防治①。

图 6-8 茸毒蛾

四、春尺蠖

春尺蠖[(*Apocheima cinerarius*(Ershoff)],属鳞翅目,尺蛾科(图 6-9)。多见杨、柳、国槐等,为食叶害虫。树林叶片被蚕食一空,全部光秃,幼虫吐丝结网悬挂林间,可吐丝借风飘移传播到附近林木危害,受惊扰后吐丝下坠,旋又收丝攀附上树,常影响行人无法通过。

图 6-9 春尺蠖

---

① 如需进行化学防治,其措施为灭幼脲 25％的悬浮剂 2000 倍液喷施或 25％的氯氰菊酯 1500 倍液喷施。

在香椿纯林发生较多,但未见有大的危害。一年发生1代,蛹在土中越冬。5龄后下地,在树下土壤中分泌黏液硬化土壤作土室化蛹。

防治方法:

① 成虫羽化出土前(2月上中旬),用刮刀将树干1 m处皱树皮刮掉,然后用胶带绕树干做成约10 cm宽的阻隔带,内侧不留空隙,则能有效阻止雌成虫上树。

② 在2月中下旬前后,每天人工捕杀集中于树干基部周围的雌成虫。

③ 幼虫期,灭幼脲25%的悬浮剂2000倍液喷施或25%的氯氰菊酯1500倍液喷施。

五、榆叶蜂

榆叶蜂(*Arge captiva* Smith),属膜翅目,叶蜂总科(图6-10)。主要危害白榆等树,在规模种植的香椿纯林少有发生,但未见有大的危害。刚孵化的幼虫取食嫩叶,2龄以后开始取食老叶,以早晚危害最甚,几天就可把叶片吃光。幼虫受惊后会卷身落地假死。

图6-10 榆叶蜂

防治方法:
① 人工捕杀:幼虫期可人工震落捕杀。
② 用25%的氯氰菊酯乳油500倍液进行喷施。

六、黄杨卷叶螟

黄杨卷叶螟[*Diaphania perspectalis*(Walker)],属鳞翅目,螟蛾科(图6-11)。以幼虫在杂草丛中、瓜子黄杨中发生最多,在太和县偶尔出现在香椿上。以枯枝落叶层、粗皮缝中结薄茧越冬。翌年春季化蛹,4月下旬开始出现第一代幼虫,4～5月成虫多在夜间羽化,趋光性较强,雌蛾将卵产在叶背面。初孵幼虫食叶肉,留下表皮,幼虫较活跃,3龄后分散为害,有转移为害习性。幼虫吐丝将叶片卷成筒状或吐丝将两三片叶子缀连在一起呈饺子状,在其内取食为害并排粪和化蛹,啃食叶片成缺刻状。

图 6-11　黄杨卷叶螟

防治方法:

① 幼虫卷叶结包时捏包灭虫,加强管理及时清除杂草和枯枝落叶,创造不利于该虫发生的环境。

② 常用药剂:敌百虫、氯氰菊酯、灭幼脲、甲奈威、喹硫磷、亚胺硫磷。

③ 产卵盛期至卵孵化盛期喷洒 25％的爱卡士乳油(喹硫磷)或 50％的辛硫磷乳油、甲奈威等常用浓度均有效。

④ 保护与利用其天敌。

七、黑胸伪叶甲

黑胸伪叶甲[*Lagria nigircollis*(Hope)],属鞘翅目(Coleoptera),拟步甲科(Tenebrionidae)甲虫(图 6-12)。

♂:体细长,前体呈黑色,触角、中胸呈小盾片和足呈黑褐色,鞘翅呈褐色,有较强的光泽,但触角鞭节光泽较弱;头、前胸背板被长且直立的深色毛,鞘翅被长而半直立的黄色茸毛。体长为 6.0～8.0 mm。头窄于或等于前胸背板,下颚须末节锥形,上唇、唇基前缘浅弧凹,额唇基沟深,长弧形;额侧突基瘤微隆起,额布稀疏大小不等的刻点,头顶不隆凸;复眼较小,细长,前缘深凹,甚隆凸,明显高于眼间额,眼间距为复眼横径的 1.5 倍;触角向后约超过鞘翅肩部端部 3 节,第 3～10 节逐渐变短变粗,第11节略弯曲,端部弯曲,约等于其前5节长度之和或稍短。前胸背板刻点稀小,有些个体中区两侧有一对压痕;基半部略收缩,前、后角圆形。鞘翅细长,有不明显的纵脊线,刻点较稀疏,刻点间约为4个刻点直径;肩部隆起;鞘翅饰边除肩部外其余可见;缘折窄细,常形。足纤弱,简单。腹部常形。♀:横宽,体长为7.5~8.8 mm。复眼甚小,眼后发达,眼间距为复眼横径的3倍;触角末节等于其前3节长度之和或稍短。前胸背板中央纵向有瘢痕。

较多发生在白榆、柳树上,在太和香椿上较少发生。

图 6-12　黑胸伪叶甲

八、美国白蛾

美国白蛾(*Hyphantria cunea*),属鳞翅目,灯蛾科(图6-13~图6-15)。美国白蛾是一种严重危害林木的食叶害虫,被列为世界性检疫对象,一年3代,以蛹在土壤下、枯枝落叶、墙缝、树洞等处越冬,翌年4月中、下旬开始羽化,5月开始孵化,危害树木,喜食的植物有杨树、柳树、法桐、桑树、樱桃,还有香椿。美国白蛾食量大、繁殖力强、适应性强、传播途径广。

图 6-13　美国白蛾成虫

图 6-14　美国白蛾幼虫

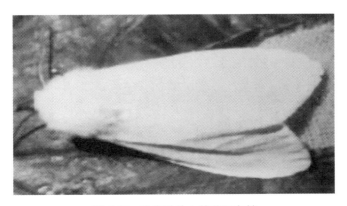

图 6-15　伏在叶片上的美国白蛾

防治方法：

① 人工防治。成虫羽化期在早晚时间段分别进行捕蛾。在卵期，人工摘除带卵的树叶并集中处理；冬季将蛹挖出，集中处理。在美国白蛾 3 龄前剪除完整的网幕集中处理。

② 灯光诱杀。每天下午 7:00 至第二天 6:00 在林地内悬挂杀虫灯进行诱杀。

③ 药物防治。25%的灭幼脲悬浮剂，稀释 1500~2000 倍喷施，最好是一个地区集中飞防。

④ 周氏啮小蜂防治法。选择气温在 20 ℃以上的无风天气，在上午 10:00 至下午 5:00，按美国白蛾和周氏啮小蜂 1:3 进行放蜂。

第三节　香椿的蛀干害虫及防治

太和香椿的蛀干害虫有多种,经调查发现,某些食叶类害虫也能蛀干,如象甲类。木蠹蛾与小蠹虫会对香椿造成致命的危害,也是太和香椿寿命短的主要原因之一,在生产管理中是值得高度重视的问题。

一、长棒横沟象甲

长棒横沟象甲[*Dyscerus Iongiclavis*(Marshall)],属鞘翅目,象虫科,是香椿的蛀干害虫之一,体长为 8～10 mm,主要分布在我国东北、华北、安徽、湖北、甘肃、四川、广东、广西、贵州等地和日本等国家(图 6-16)。主要危害杨、柳、榆、槐、核桃,香椿苗圃地出现较多。一年发生一代,4 月间开始活动,取食叶片,造成缺刻,又能蛀食树干。6 月产卵,卵产在叶片尖端,并将叶片尖端从两边折起,把卵包于折叶中。幼虫孵化后即落地钻入土中生活,继续危害根部,并在土中化蛹,羽化成虫过冬。成虫善爬行,也可短距离飞行,但行动迟缓,白天不大活动,清晨和傍晚活动取食最厉害。

图 6-16　长棒横沟象甲

防治方法:
① 利用成虫受惊下落的假死性,进行人工捕捉成虫,集中处理。
② 根部用 3% 的高渗苯氧威乳油 3000 倍液浇灌。
③ 用 25% 的氯氰菊酯 1500 倍液进行喷施。
④ 用 10% 的阿维菌素乳油 1000 倍液进行喷施。

二、沟眶象

沟眶象[*Eucryptorrhynchus scrobiculatus*（Motschulsky）]，属鞘翅目，象甲科，是香椿的蛀干害虫之一，一年发生一代，以成虫和幼虫在树干基部（5～20 cm深的土层中）越冬（图6-17）。以幼虫越冬的，次年5月化蛹，7月为羽化盛期；以成虫在土中越冬的，4月下旬开始活动。5月上中旬为第一次成虫盛发期，7月下旬至8月中旬为第二次盛发期。成虫取食嫩梢、叶片，啃食成缺刻状，危害1个月左右便产卵，产卵期为8d左右。幼虫先咬食皮层，稍长大啃食入木质部，后在坑道内化蛹。

图6-17　沟眶象

防治方法：

① 利用成虫多在树干上不善飞和假死性的习性，在5月上中旬、7月下旬至8月中旬捕杀成虫。

② 可于此时在树干基部撒3％的马拉克百威颗粒剂或马拉硫磷颗粒剂进行毒杀。

③ 成虫高发期，用50％的辛硫磷乳油1000倍液喷施。

④ 在5月下旬和8月下旬幼虫孵化初期，利用幼龄虫咬食皮层的特性，在被害处涂煤油、氯氰菊酯混合液（柴油和25％的氯氰菊酯各1次）。

三、星天牛

星天牛（*Anoplophora chinensis*），属鞘翅目，天牛科，是香椿主要蛀干害虫之一（图6-18），成虫啃食新枝嫩皮，使新枝枯死，幼虫蛀食枝条韧皮部，影响树木生长,严重者可致整枝、整树死亡。

图 6-18 星天牛

防治方法:

① 在成虫集中出现期,组织人工捕杀。

② 成虫产卵部位较低,刻槽明显,可组织挖除虫卵。

③ 树干上发现有新鲜排粪孔,用 80% 的敌敌畏乳油 200 倍液或 40% 的乐果乳油 400 倍液注入排粪孔,再用黄泥堵孔,毒杀幼虫。

④ 磷化铝片是良好的熏蒸杀虫剂,可用该药堵孔,黄土封口,杀死幼虫。

四、小蠹

图 6-19 小蠹

注:2022 年 4 月,安徽农业大学束庆龙初步认定。

香椿小蠹,属鞘翅目,小蠹科,是香椿主要的蛀干害虫之一(图 6-19)。成虫体长约为 3.7 mm,呈红褐色,鞘翅上有橘黄花斑,触角先端彭大,幼虫蛀入树皮,取食韧皮部和形成层。由于这类小蠹虫直接取食植物本身,因此对寄主植物有很强的专一性,通常只取食一种或者一类植物,寄主范围窄。它们取食后,会留下形状各异的取食坑道,然后深入木质部向纵深危害,钻蛀成不规则的连通虫道,并不断排出虫粪及木屑,致使树体流胶,破坏生理机能,使树势逐年衰弱,直至死亡。每年 5 月上旬成虫孵化并转移寄主,它们的个头小,但是对香椿危害巨大,由于数量多,在成千上万头小蠹虫的攻击下,大的香椿树都会受其害,造成树干皮部干枯,当树皮表面流下一串串树胶时,这可能是树体正在动用其强大的免疫力对抗小蠹虫的攻击,一旦流胶过多就会造成香椿树的死亡。

防治方法如下:

① 及时发现和清理被害枝干,消灭虫源。

② 用50%的敌敌畏乳油100倍液刷涂虫疤,杀死内部幼虫。

③ 5月上旬在树干,在5月下旬和8月下旬幼虫孵化初期,利用幼龄虫咬食皮层的特性,在被害处涂煤油、氯氰菊酯混合液(柴油和25%的氯氰菊酯各1次),防止成虫在树干上产卵。

④ 成虫发生期结合其他害虫的防治,用50%的辛硫磷乳油1500倍液进行喷施,消灭成虫。

五、芳香木蠹蛾

芳香木蠹蛾[*Cossus cossus*（Linnaeus）],属鳞翅目,木蠹蛾科,是香椿主要的蛀干害虫之一(图6-20),更是对太和香椿造成致命的罪魁祸首,主要分布于上海、山东、东北、华北、西北等地区,寄生于香椿、杨、柳、榆、槐树、白蜡、栎、核桃、苹果、梨等树。幼虫孵化后,蛀入皮下取食韧皮部和形成层,以后蛀入木质部,向上向下穿凿不规则虫道。被害处可有十几条幼虫,蛀孔堆有虫粪,多危害香椿树干的基部,虫洞口常流出树胶和木屑的混合物。成虫体长为20～25 mm。

图6-20　芳香木蠹蛾

每2～3年发生1代,以幼龄幼虫在树干内与末龄幼虫在树干基部的土壤内结茧越冬(图6-21)。5月至7月发生,产卵于香椿树干基部的树皮缝或伤口内,每处产卵十几粒。

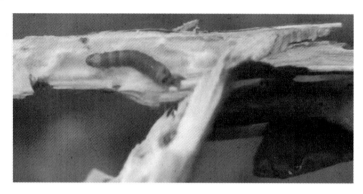

图 6-21　芳香木蠹蛾幼虫注入树干

防治方法:

① 及时发现和清理被害死树、枝干,消灭虫源。

② 用50％的敌敌畏乳油100倍液刷涂虫疤,杀死内部幼虫。

③ 树干涂白防止成虫在树干上产卵。

④ 在每年4月下旬,选择孔小于2 mm的纱网,并将纱网裁成长约1.5 m、宽为1 m的保护网,用以包裹树干,上端用透明胶带粘牢并密封,下端用土封成厚20 cm。再定期喷施杀虫剂,可有效地防止羽化的成虫(图6-22)转树、交配以及其他树上的成虫来此蛀洞并有效地杀死成虫。

图 6-22　芳香木蠹蛾成虫

⑤ 成虫发生期结合其他害虫的防治,用50％的辛硫磷乳油1500倍液进行喷

施,消灭成虫。

⑥ 对木蠹蛾幼虫危害的新梢要及时剪除,消灭幼虫,防止扩大危害。

⑦ 保护和利用其天敌,如啄木鸟等。

六、茶木蛾

茶木蛾(*Linoclostis gonatias* Meyrick)又名茶堆砂蛀蛾,属于鳞翅目木蛾科(图 6-23)。该虫主要寄生于茶树、油茶、相思树、香椿等,分布在我国的茶树产区,在安徽省太和县也有发现。年生一代,幼虫怕光,隐居在虫道内取食,有的把老叶搬入巢内取食。以老熟幼虫在受害枝干内越冬。在香椿树上常危害主干,翌年 5 月化蛹,6 月羽化,把卵产在嫩叶背面,7 月上旬进入羽化盛期,7月中旬后,卵陆续孵化为幼虫,世代重叠。初孵幼虫吐丝缀 2 个叶片潜居嚼食表皮和叶肉,3 龄后开始蛀害枝干并吐丝黏合木屑、虫粪,形成紫褐色砂堆网袋。有的蛀入茎干或树枝,破坏输导组织,是香椿的蛀干害虫之一。幼虫期300 多天,老熟后在虫道里吐丝作茧化蛹。成虫寿命为 3～5 d,有趋光性。

图 6-23　茶木蛾

防治方法:

① 加强香椿树的管理,使其生长发育健壮,增强抗性。

② 黑光灯诱杀成虫。

③ 必要时剔除枝干上的虫粪,再把 50％杀螟松乳油 50 倍液注入虫道内。

第四节　香椿刺吸害虫

一、草履蚧

草履蚧[*Drosicha corpulenta* (Kuwana)],属同翅目,珠蚧科(图 6-24)。雌成虫体长为 7.8～10 mm,宽为 4～5.5 mm,呈椭圆形,形似草鞋而得名,触角和足呈亮黑色。若虫体呈灰褐色,外形似雌成虫,初孵时长约为 2 mm,蛹体呈圆筒形,长约为 5 mm,呈褐色,外有白色棉絮状物。

一年发生一代,卵和初孵若虫在树干基部土壤中越冬。越冬卵于翌年 2 月上旬到 3 月上旬孵化。若虫出土后爬上寄主主干,沿树干爬至嫩枝、幼芽等处取食。

图 6-24 草履蚧

草履蚧繁殖力较强,尤其是大面积单一的香椿人工种植结构,给草履蚧的存活、繁殖、发展创造了良好的生存条件。危害严重的香椿树造成椿芽的绝收甚至香椿树的死亡。

防治方法:

① 胶带防治法:1 月下旬至 2 月上旬,在若虫孵化前,用刮刀把树干 1 m 处皱树皮一周刮光滑,然后用胶带绕树干做成约 10 cm 宽的阻隔带,内侧不留空隙,能有效阻止若虫上树。每天将下部聚集的若虫进行集中捕杀。

② 用 25% 的氯氰菊酯 1500 倍液进行喷施。

③ 用 10% 的阿维菌素乳油 1000 倍液进行喷施。

二、斑衣蜡蝉

斑衣蜡蝉(*Lycorma delicatula*),属同翅目,蜡蝉总科(图 6-25)。成虫和若虫吸食叶或嫩枝的汁液,被害部位形成白斑而枯萎,容易产生流胶病,影响树木生长。同时,该虫还能分泌含糖物质,有利于煤污菌的寄生,使叶面蒙黑,妨碍叶片进行光合作用,不利于树木的生长。

图 6-25 斑衣蜡蝉

防治方法：

① 将卵块集中，人工及时清除、烧毁。

② 用2.5％的联苯菊酯400倍液或3％农百安1500倍液进行喷施。

三、广翅蜡蝉

广翅蜡蝉[*Ricania speculum*（Walker）]，属半翅目，蜡蝉总科(图6-26)。若虫大多为白色，尾部呈粉絮状，体长为2 mm左右，成群堆聚在叶背部，受害叶片边缘、先端向背部翻卷甚至呈筒状，用刺吸式口器在内吸食叶片汁液。成虫胸部呈黑褐色，体长为6～7.5 mm。广翅蜡蝉在我国分布在陕西、河南、安徽、江苏、浙江、台湾、广东等地。主要危害苹果、桃、李、香椿、樱桃、栾树、枣、杨柳、玫瑰等树，在太和县5月上旬开始出现。

防治方法：同斑衣蜡蝉。

图 6-26　广翅蜡蝉

四、小绿叶蝉

小绿叶蝉（*Empoasca flavescens*），属同翅目，叶蝉科，是春、夏季香椿常发生的虫害之一(图6-27)。成虫体长为3.3～3.7 mm，呈淡黄绿至绿色，若虫体长为2.5～3.5 mm，与成虫相似。

生活习性：每年发生10代左右，以成虫在树皮缝、杂草丛中越冬。翌年3月中旬越冬代开始活动，4月上旬于叶背面主脉中产卵。高温、多雨不利于该虫的发生,6月中旬至10中旬为发生高峰期。若虫孵化后喜群集在叶片背面刺吸危害,被害叶片正面出现失绿小点。

寄主:香椿、桑、杨、柳、桃、杏、李、樱桃、梅、葡萄、花卉、农作物等。

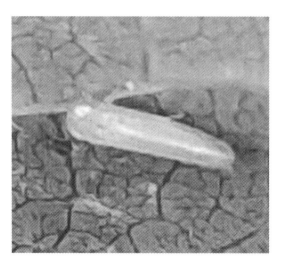

图6-27　小绿叶蝉

防治方法:

① 作业防治:收获后及时彻底清除田间及附近杂草、枯叶,清理害虫的越冬场所。

② 危害较轻时无需防治,发生严重时可喷洒20％的氰戊菊酯乳油2000倍液,或40％的乐果乳油1500倍液等。

③ 用25％的氯氰菊酯1500倍液进行喷施。

④ 用10％的阿维菌素乳油1000倍液进行喷施。

五、柿广翅蜡蝉

图6-28　柿广翅蜡蝉

柿广翅蜡蝉(*Ricania sublimbata*),属同翅目广翅蜡蝉科(图6-28)。广泛分布于我国的台湾、福建、广东、广西、湖南、江西、安徽、山东、江苏等省份。

形态特征:成虫体长为8.5～10 mm,翅展宽为24～36 mm。头、胸背面呈黑褐色,腹面呈深褐色。腹部基部呈黄褐色,其余各节深褐色。前翅宽阔,多纵脉,为烟褐色,前缘外1/3处有一个三角形或半圆形透明斑。后翅为暗褐色,半透明。

柿广翅蜡蝉为杂食性害虫,是目前我国林木及茶果生产中的重要害虫,可危害包括柿树、柑橘、苹果、茶叶在内的多种经济作物,也危害香椿。成、若虫刺吸寄主汁液,受害叶片萎缩脱落,枝梢生长停滞直至枯死,同时诱发污霉病和流胶病。成虫在枝梢和叶脉等处用产卵器刺破组织产卵,形成的刻痕严重阻碍枝条水分和营养物质输送,使抽梢、发叶困难,导致枯梢甚至整株树势衰退。

柿广翅蜡蝉在香椿规模林地较为常见,产卵和取食都会对香椿造成危害,首先影响树木长势,易形成风折枝,能推迟翌年香椿萌芽,致椿芽纤细瘦弱,不仅造成椿芽减产,也会严重影响椿芽的品质,对椿芽生产造成的伤害极大,需要给予足够的关注。

防治方法:同斑衣蜡蝉。

六、瘿螨[①]

瘿螨是蛛形纲、瘿螨科的一种(图6-29)。瘿螨的卵呈球形,半透明,乳白至淡黄色;若虫形似成螨,初孵时呈灰白色,成螨体微小,瘿螨借助风吹、昆虫、苗木或爬行等方式传播扩散。成螨体极微小,一般肉眼不易见。

图6-29　瘿螨

寄主有香椿、杨、楝树等,瘿螨危害症状和红蜘蛛危害相似,以成、若螨吸食植株叶片和嫩茎汁液。幼叶被害部在叶背先出现黄绿的斑块,5月后开始危害香椿。瘿螨能借风、苗木、昆虫、机械等传播蔓延。其发生与气候条件、植株生长环境及天敌有密切的关系,其中温湿度是主要因素。

---

① 初步观察为瘿螨,有关详情待查。

防治方法：

① 生产上长期管理缺失，枝叶密集，通风透光不良，易造成瘿螨大量繁殖。剪除被害枝叶、弱枝、过密枝、荫蔽枝和枯枝，集中焚烧，改善通风透光条件，减少虫源。搞好常规管理，合理施肥，增强树势，提高植株的抗逆性。

② 保护和利用捕食螨等天敌，对控制瘿螨发生数量具有积极作用。

③ 用20％的三氯杀螨醇800倍液等进行喷施。

七、麻皮蝽

麻皮蝽（*Erthesina fullo Thunberg*），属半翅目，蝽科（图6-30）。全国大部分地区都有分布，主要危害苹果、梨、杨树、泡桐、桑、榆、刺槐、臭椿，在香椿发生较多。

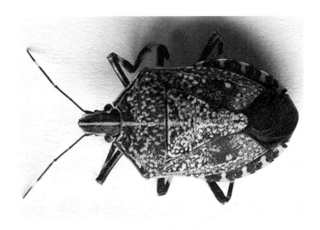

图6-30　麻皮蝽

麻皮蝽是蝽象的一种，又名"臭屁虫"。蝽象的刺吸式口器，适于刺吸植物汁液，也可吸取动物体液。成虫和若虫将针状口器插入嫩枝、幼茎和叶片内，吸食汁液，造成植株生长缓滞，枝叶萎缩，甚至落花落果。

防治方法：

① 发生较少时，无须化学防治，也可在防治其他害虫时予以兼治。

② 人工捕杀在越冬场所藏匿的成虫，并在疏花疏果和夏季修剪时，消灭树上的卵块和幼、若虫。

③ 在若虫发生期进行喷药防治，可以选用25％的氯氰菊酯乳油500倍液，或90％的敌百虫晶体1000～1500倍液，或10％的阿维菌素乳油1000倍液进行喷施。

第五节　香椿的病害及防治

一、香椿花叶病

病株的嫩芽失绿变成粉红色和浅黄色,十分鲜艳,比健康嫩芽瘦小,叶片变薄、变小(图 6-31),严重影响椿芽的产量和品质。目前致病原因尚不清楚。

图 6-31　香椿花叶病

防治方法:

① 种植香椿时多采用实生苗或组培育苗。

② 挖除病株。对病树应加强肥水管理,多施有机肥,改善土壤的通透性,防止土壤积水,增强树势。

③ 及时修剪,清除过密的植株,使林分通风透光。

④ 冬天清除林分内的枯枝、落叶和杂草。

⑤ 春季展叶时喷 1.5％的植病灵乳油 1000 倍液,或 20％的盐酸吗啉胍·铜可湿性粉剂 4000 倍液,或 0.05％～0.1％的硝酸稀土,或 50％的氯嗅异氰尿酸可溶粉剂 3000 倍液,隔 15～20 d 喷 1 次,连续 2～3 次。果实采收前再喷 1 次;也可以在萌芽前后,用 0.05％～0.1％的稀土溶液树干注射 1～2 次,株用量为 0.5～1 kg。

二、香椿锈病

图 6-32　香椿锈病

危害：苗木发病较重，感病后，生长势下降，叶部出现锈斑，叶片早落(图 6-32)。

发病症状：感病植株，叶片最初出现黄色小点，后在叶背、叶轴、嫩枝出现疮状突起，破裂后散出金黄色粉状物。秋季后，渐生黑色疣状突起，破裂后产生黑色冬孢子。发病严重的叶片上冬孢子堆很多，冬孢子布满叶背面，使叶变黄、早落。

防治方法：

① 冬季及时扫除落叶，烧毁，减少侵染源。

② 药剂防治：当夏孢子初具时，用 80％ 的多菌灵 1000 倍液或 5％ 的三唑酮 400 倍液进行喷施。

三、香椿流胶病

香椿流胶病一般在 5 月开始发生，主要危害香椿的树干和大枝，主要症状为发病部位流出琥珀状胶块(图 6-33)。香椿流胶病有侵染性流胶病和非侵染性流胶病两种。香椿蛀干性害虫是造成香椿流胶病的主要原因之一，也是造成香椿寿命短的主要原因之一，有效地防治香椿蛀干害虫就是根治香椿流胶病的主要方法之一。

防治方法：

① 在种植时应多施有机肥，提高土壤肥力，改良土壤的通透性。

② 要注意排水系统的建立，在雨季时能及时排水，增强树势，提高抗病能力。

③ 管理时注意尽量减少不必要的机械损伤，防治斑衣蜡蝉、吉丁虫、小蠹虫、木蠹蛾、象甲类和天牛等蛀干害虫的危害。

④ 在冬季到来后，将枯枝落叶、落果和园地杂

图 6-33　香椿流胶病

草彻底清除并集中烧毁。

⑤ 用石硫合剂残渣或配方涂白剂刷白主枝和树干。涂白剂配方：生石灰、硫黄粉、食盐、食用油、敌百虫、水，按 10∶1∶1∶0.5∶0.5∶50 混合成糊状。

四、白粉病

白粉病主要危害香椿叶（图 6-34）。受危害的叶片呈黄白色病斑，严重时卷曲枯焦，嫩枝变形。病原侵染香椿叶后，最明显的症状是叶面、叶背及嫩枝表面形成白色粉状物，后期于白粉层上产生斑点，初为黄色，渐变成黄褐色，最后变成大小不等的黑色。病斑不太明显的叶片上有黄白色斑块，受危害严重的叶片卷曲枯焦，嫩枝条受害严重的叶片会扭曲变形，甚至枯死。

图 6-34　白粉病

防治方法：

① 对香椿林地进行适当的间伐，及时清除林地内的杂草、杂树、枯枝，改善林地内的通风透光条件；及时清除病枝、病叶，并予烧毁；加强抚育管理，合理施肥，增强树体的生长势和抗病能力。

② 药剂防治要在香椿发芽前及生长季节喷施 2～3 次 0.3～0.5 Be° 的石硫合剂，或 2.5% 的粉锈宁 1500～2000 倍液，或 25% 的硫黄悬胶液 200 倍液，或 30% 的甲基托布津，或 50% 的多菌灵 600～800 倍液。

五、根腐病

根腐病危害香椿的根和根际处，使树干基部的树皮腐烂，造成树木死亡。树木的幼根先侵染，后逐渐蔓延至粗大的主根和侧根。病根先失去光泽，后变黄褐色，最后变黑并腐烂,使皮层和木质部剥离。表层的皮面有紫色棉绒状菌丝层。雨季菌丝可蔓延至地面或主干上 6～7 cm 处,菌丝层厚可达 2 cm 左右,有蘑菇味,受害树木长势衰弱,逐渐枯黄,严重时死亡。

防治方法:

① 避免低洼积水处造林,雨季或低湿地加强排水和养护管理,以增强抗病能力。

② 进行苗木检疫,发现病苗,及时剪除病部后浸于 1％的硫酸铜液或 20％的石灰水中进行消毒。如在造林地发现病株,可清除病株根部土壤,剪除病根,浇灌 20％的石灰水或 0.5％的硫酸亚铁等。

③ 种植区域杀菌后覆盖无菌土壤;同时对已经死亡病株要及时清理销毁,并用 1∶8 的石灰水或 3％的硫酸亚铁水消毒树穴。

六、黑霉病

黑霉病又称煤烟病、煤污病(图 6-35)。此病危害多种花木,如紫薇、木槿、桃等树种。香椿较少发生,但随着香椿矮化密植的栽培模式的应用,该病在香椿上的发生也在逐年增加,主要危害香椿的叶片,也能危害嫩枝。受害部位表面形成黑色霉层,犹如一层煤污。该病会阻碍光合作用,减弱生长势,严重时导致枝叶及果实枯萎而死亡。病菌以菌丝体在病叶、病枝等处越冬。由蚜虫、介壳虫、蚂蚁及风雨等传播,又以蚜虫及介壳虫等的排泄物和寄主的分泌物为营养。该病在高温多雨季节发生,北方保护地栽培的香椿也多见此病。

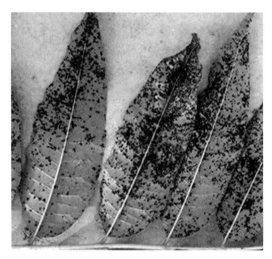

图 6-35　香椿黑霉病

防治方法：

① 冬季及时将枯枝、落叶烧毁,减少侵染源。

② 生长季修剪多余的枝条,增加林地的通风透光。

③ 用 80％的多菌灵 1000 倍液或 5％的三唑酮 400 倍液进行喷施。

第六节　香椿诱饵树的设置

在香椿林地设置诱饵树,能有效地诱集香椿的有害生物,减少有害生物的虫口密度及危害程度,是一项既环保又低成本的生物防控技术。本节对设置香椿诱饵树的意义、具体方法以及诱饵木管理和有害生物防控等方面进行了探讨,为香椿生产实践中推广设置诱饵树提供参考。

一、设置香椿诱饵树的意义

在林业生产经营中,通常使用农药进行有害生物防治,然而农药的大量使用,不仅会破坏生态环境、影响林产品安全问题,还会使有害生物产生抗药性,天敌种群受损,导致有害生物大爆发,造成日益严重的恶性循环。种植诱饵树是一种既环保,又能对林木有害生物进行有效防控的好方法。诱饵树防护措施,主要是通过诱饵树吸引有害生物,从而减少病虫害对目标树木的危害,达到保护目标树木的目的,最终减少化学农药的使用,让祖国天更蓝、山更绿、水更清、环境更美好。

香椿又名红椿、椿头树、油椿树等,是楝科香椿属的一种,其嫩芽、嫩叶是人们传统喜食的木本蔬菜。当前,香椿的造林都是以培育菜用林或菜材两用林为目标,主要是以生产香椿嫩芽和嫩叶为目的,尤其是人们越来越崇尚健康饮食,注重绿色无公害食品,营养价值丰富的绿色、无公害香椿完全符合现代人们对美好生活需求的定位,市场前景非常广阔。

利用诱饵树对香椿有害生物进行防控,可以在香椿生产经营过程中做到不使用或少使用农药,对生产绿色、无公害香椿产品意义重大,是香椿产业发展的必由之路。所谓香椿诱饵树是指香椿的一种或几种有害生物嗜食或喜食的树种,尤其是对香椿危害很大的蛀干害虫,对其有相对较强的诱集能力,配植香椿诱饵树是发挥其诱集作用,以达到有害生物防控,保护香椿和监测病虫害,并集中消灭有害生物的目的。

利用诱饵树防治香椿有害生物,是在香椿种植生产实践中,定期观察、监测香椿林地边缘和林地空窗内的诱饵树的危害情况,受林业相关的病虫害防治技术启发,以及在太和县沙颖河国家湿地公园内香椿生产中的经验总结而进行的尝试和创新,是香椿有害生物防控的一种对环境友好、无公害、低成本而且效果很好的防治方法,目前还没有在生产上广泛应用,还有待在实践中不断总结和完善,值得试验和推广。

由于香椿独特的气味,食叶害虫不多,即使发生也不会成灾,但规模种植的香椿林地,由于树种单一、发生有害生物因子较多、有害生物传播迅速,爆发食叶害虫危害的风险很大。食叶害虫主要影响生产食材的品质和质量。另外,香椿蛀干害虫发生比较普遍,小蠹虫、木蠹蛾、星天牛都能对香椿构成很大的危害。在太和县,即便香椿林龄达到10年以上依然会发生蛀干害虫,蛀干害虫是常常使香椿过早死亡的首要因素。因此在香椿林地内外设置诱饵木很有必要。

二、设置香椿诱饵树的方法

(一)防治对象

香椿林地配植诱饵树,主要是针对香椿的食叶害虫、蛀干害虫和地下害虫。做好香椿诱饵树的配植,首先要了解可以用诱饵树能诱集的香椿的地下害虫、食叶害虫、蛀干害虫的种类(表6-1)。

表6-1　诱饵木防治对象种类

地下害虫	食叶害虫	蛀干害虫
金龟子、黑绒金龟子、蝼蛄	象甲类、刺蛾类、斑衣蜡蝉、广翅蜡蝉、柿广翅蜡蝉、小绿叶蝉、麻皮蝽、茸毒蛾、春尺蠖、榆叶蜂、美国白蛾	星天牛、芳香木蠹蛾、小蠹虫、草履蚧、吉丁甲

(二)配植方式及比例

诱饵树适宜设在香椿林分的边缘,这样设置有以下优点:

① 边缘的诱饵树对香椿林分的生长发育及生产经营影响小。

② 林分边缘的诱饵树可以把以外传播的有害生物阻挡在林分外。

③ 边缘的诱饵树可以把林分内的有害生物诱集到林分外的诱饵树上,从而最大限度地降低香椿林分的有害生物密度。

在混交方式上,诱饵树与香椿无论是株间混交还是行间混交,都应均匀分散种植在林分中,以株间混交方式更为理想,为便于生产作业也可采取行间混交等方式。诱饵树在林分内可机械分布,也可结合林中的空窗进行随机布局。诱饵树数量应占到林分总株数的 $5\%\sim10\%$。

(三)香椿诱饵树树种选择

香椿诱饵树树种应选择乡土树种,乡土树种不仅不会带有外来有害生物(引进树种造成的外来有害生物危害时有发生),更能有机地融入当地的森林生态系统,乡土树种的叶、花、皮、干、种子等器官是生态系统中食物链的一环,因而能更好地诱集本地区的病虫害从而达到更好的诱集目的。诱饵树常见的病虫害应与香椿常见的病虫害有很多的相同或相似之处,这样才能诱集香椿的病虫害。诱饵树应比香椿树更易感染需要防治的病虫害,这样才能更好地达到诱集效果。诱饵树高度要和林分内的香椿树高度一致,过高就会影响香椿树的采光,要对树型进行人工控制,最好把树培育成头状或丛生的,从而达到矮化树型的目的,更利于人工捕杀害虫。诱饵树种选择应多样化,这样不仅能诱集更多种类的昆虫,还能使林地的生态功能更加完善。在捕杀诱集昆虫时,注意保护好步甲类、埋葬甲、猎蝽、瓢虫等有益生物。发现患有诱病、白粉病、黑霉病等的诱饵树植株时,应尽早伐去并消杀。在调查中发现,太和青油椿发生蛀干害虫的表现往往比其他香椿品种更加严重,因此,用太和青油椿做香椿林地的诱饵木最合适。香椿诱饵树适宜选择的树种种类见表 6-2。

表 6-2　香椿诱饵树树种选择

序号	树种	诱集种类	备注
1	青油椿	所有害虫,尤其是蛀干害虫	矮化树型
2	国槐	春尺蠖、星天牛、芳香木蠹蛾	诱集尺蠖时发现虫口密度大,需要采取药物防治方法,应防早防小,避免蔓延
3	垂柳	美国白蛾、星天牛、茸毒蛾、金龟子	培育丛生树型
4	桑树	美国白蛾、星天牛、金龟子、黑绒金龟子	捕捉金龟子黑绒金龟了和星天牛时,宜于晚上 7 时至凌晨间进行
5	臭椿	麻皮蝽、茸毒蛾、沟眶象、斑衣蜡蝉	培育丛状
6	白榆	星天牛、草履蚧、榆叶蜂	矮化树型
7	杨树	美国白蛾、茸毒蛾、金龟子、草履蚧、象甲类、刺蛾类	采用雄性植株并矮化树型
8	栾树	广翅蜡蝉、柿广翅蜡蝉	矮化树型

林分边缘的诱饵树树型要尽量矮化,既有利于香椿林分的通风透光,又有利于

人工捕捉或捕杀。对萌蘖能力强的诱饵树种,要定期对其根部萌发的幼苗进行清理,以免对香椿的生长产生影响。

三、诱饵树的管理

诱饵树的管理主要有加强监测,注意掌握诱饵树上病虫害发生动态,及时防治,控制虫害虫口密度和病害的危害程度。当病虫害发生严重时,应及时采取生物防治、物理防治或化学防治等措施。待诱饵树树体(尤其是树根和树干)受害严重时,应伐除诱饵树或进行截干,必要时要及时采取进行林分更新等处理措施。

综上所述,配植一定比例的诱饵树,不仅能有效地阻碍有害生物对香椿林分的侵害,还能把林分内的有害生物诱集到林分外的诱饵树上,便于集中防治,从而降低林分中的有害生物虫口密度,达到防控目的,同时改变香椿的纯林结构,显著地提高香椿林分对病虫害的控制能力,减轻危害程度,使林分防控能力得到明显改善,在生产上具有一定的推广价值。

第七节　保护香椿的甲虫

椿农在对香椿的生产管理中时常碰到很多甲虫,它们之中有的是害虫,有的是益虫。笔者在调查中了解到,有人把它们统统作为害虫处理了,其实它们中有的是香椿害虫的天敌,有的是香椿树的"保护神",本节将介绍两类有益的甲虫。

一、埋葬甲

图 6-36　埋葬甲

埋葬甲(*Nicrophorus americanus*),属鞘翅目,埋葬甲科(图 6-36)。多以动物尸体为食,也有捕食蜗牛、蝇蛆、蛾类幼虫,或危害植物者。成虫于 6～9 月份,是香椿树下常见的甲虫,常生活在树洞腐木、蚁巢以及蛀干害虫的创口内。雌虫产卵于动物尸体,然后与雄虫一起"埋葬"动物尸体,深度常达 30 cm 左右,从而为其子代幼虫提供了充足的食物和较为安全的生活环境。埋葬甲是香椿蛀干害虫——芳香木蠹蛾的天敌。

二、中华婪步甲

中华婪步甲（*Harpalus sinicus* Hope），属鞘翅目，步甲科（图 6-37）。

图 6-37　中华婪步甲

在我国河南、河北、安徽、江苏、四川、湖北、山东、湖南、江西、贵州、内蒙古、广西、福建、台湾等地有分布。常生活在香椿树基部的浅土中，爬行很快，捕食红蜘蛛、蚜虫、叶蝉、飞虱等，也危害麦类种子、幼苗等。

以上两种甲虫虽然会对农作物产生一点危害，但是危害很小，在香椿林地内只是取食杂草而已。它们对防治、消灭香椿害虫还是功不可没的，要给予保护。

此外，同属于步甲科的艳步甲（*Carabus lafossei*）也是很多香椿害虫的天敌（图 6-38），同样也是香椿的"保护神"，捕食各种各样的鳞翅目、双翅目害虫以及蛞蝓、蜗牛等，本书对此不再赘述。

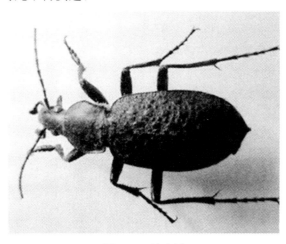

图 6-38　艳步甲

参 考 文 献

［1］ 牛亚伟.农药防治森林病虫害研究进展[J].陕西林业科技,2012(4):95-97.

［2］ 罗亮,岳永德,汤锋,等.重要食用林产品中农药多残留快速检测方法的研究[J].安徽农业大学学报,2011,38(1):72-80.

［3］ 王福贵,周嘉熹,杨雪彦.混交林中黄斑星天牛选择寄主的行为与寄主抗虫性关系的研究[J].林业科学,2000(1):58-65.

［4］ 孙灿辉.太和香椿高效栽培技术[J].安徽林业科技,2022,48(3):31-32,49.

［5］ 姚程程,王俊臣,胡继文,等.香椿种质生长及叶部表型性状的遗传变异分析[J].植物科学学报,2020,38(1):112-122.

第七章　香椿的化学成分、生物活性及分子生物学研究

香椿为楝科植物,属高大落叶乔木,10～15 年即可长成高 25 m 以上、胸径 30 cm左右的大树。因其幼芽具有特殊的香味,是不可多得的绿色木本蔬菜。香椿除了食用价值,还具有多种药用价值。例如,它具有清热解毒、美容养颜、涩肠止血、健胃理气等功效;对金黄色葡萄球菌、伤寒杆菌等有明显的抑菌和杀菌作用。此外,其木材坚重,呈红褐色、有光泽、花纹美观,且耐水湿、耐腐蚀,为建筑、造船、桥梁、家具、器具等优良用材;木屑可提取芳香油,树皮含有鞣质,可制作栲胶;种子可榨油,种油可食用,也可制肥皂和油漆,果实可入药;根皮含有川楝素,具有良好的驱虫效果。香椿树干高冠阔,枝繁叶茂,树姿雄伟,具有很好的观赏价值,是庭院绿化、四旁造林的优良树种;同时,香椿花期长,泌蜜多,也是较好的蜜源植物。香椿对土地条件的适应性较广,无论是酸性土、钙质土还是中性土均能生长。由于香椿皮、根味苦,很少有害虫侵害。

香椿的众多特点与价值也促使人们对它投入更多的关注,随着科技的发展,人们对香椿的研究逐渐发展到对香椿化学成分及分子生物学的研究。基于前人的研究,本书对香椿的化学成分、生物活性以及分子生物学研究进行了系统归纳总结,以期为其后续的深入研究及开发利用提供参考。

第一节　香椿的化学成分

香椿又名春芽树、椿、椿树,在《植物名实图考》中称为红椿,属多年生落叶乔木,产于我国的华北、华东、中部、南部和西南地区,是我国特有珍贵速生用材树种,木材素有"中国桃花心木"(Chinese mahogany)之称。香椿全株具特殊气味,香椿芽是高级木本蔬菜,被国外称为"绿色保健菜",现多出口日本及东南亚国家。香椿富含生物活性物质而具有很高的药用价值,《本草纲目》中指出,香椿的叶、芽、根、

皮和果实均可入药。香椿的化学成分是其功效的物质基础,查阅国内外文献,对已报道的香椿化学成分和生物活性进行归纳总结,以期为其后续深入的化学成分、生物活性、分子生物学研究提供参考。

一、挥发性成分

香椿在民间既能食用又能药用,并且由于其有独特的香味,研究人员对香椿挥发性成分研究较多。香椿叶挥发性成分的提取方法有水蒸气蒸馏法、同时蒸馏-萃取法、超临界二氧化碳萃取法、微波辅助提取法、超声波辅助提取法、顶空微固相萃取法(HS-SPME)等。从香椿中分离的化合物有萜类化合物、芳香族化合物、脂肪族化合物和含氮含硫化物,而这四大类化合物是植物香料的主要化学组成。香椿叶的挥发性成分主要为萜烯类,包括单萜、倍半萜和倍半萜醇类,主要成分有石竹烯、榄香烯、大牝牛儿烯、α-金合欢烯、α-荜澄茄油烯、桉叶烯、杜松烯、愈创木烯、姜黄烯等倍半萜,α-荜茄醇、橙花叔醇、雪松醇、金合欢醇、榄香醇、斯巴醇等倍半萜醇类化合物,香叶醇、丁香酚、芳樟醇、樟脑、龙脑、异龙脑等单萜含氧化合物和叶绿醇等其他含氧化合物,此外还有其他酯类和酮类等化合物。萜类化合物一直是天然产物化学研究较为活跃的领域,是发现和寻找天然药物生物活性的重要源泉。例如,β-丁香烯(石竹烯),有平喘、镇咳、祛痰作用,临床上用于治疗气管炎,此外它还允许使用于食用香料;榄香烯,是我国自主开发研制的广谱抗癌二类新药,临床应用的制剂以 β-榄香烯为主要成分,同时含有少量的 α 及 γ 榄香烯及其他萜烯类化合物,是一种广谱、高效、副作用少的抗肿瘤药物,并且具有增强免疫、抗耐药,放、化疗协同等特点,与其他抗肿瘤药物相比有独特的优势。单萜含氧衍生物多具有较强的香气和生理活性,是医药、化妆品、食品工业的重要原料,如樟脑、龙脑属于双环单萜类。龙脑,中药"冰片",主要用于香料、清凉剂及中成药;樟脑,有局部刺激作用和防腐作用,用于神经痛及跌打损伤等。倍半萜类化合物是精油高沸程部分的主要成分,多以酯、醇、酮或苷的形式存在,有广谱的生物活性,如驱蛔虫、强心、抗炎、镇痛、抗肿瘤、抗疟疾等。又如,金合欢醇是重要的倍半萜类化合物,在金合欢油、橙花油、香茅油中含量较多,为重要的高级香料原料。

研究者对香椿挥发性成分的研究,为香椿香精香料的开发及研制奠定了基础。目前关于香椿香精香料的开发极少,提取香椿天然的成分调配成香椿香精,作为调味品或食品添加剂是香椿植物资源开发利用的一个方向。

二、非挥发性成分

香椿中非挥发性化学成分主要有多酚类、黄酮类、没食子酸类衍生物、皂苷等物质。据文献报道,香椿叶中含有多酚类物质、黄酮、萜类、蒽醌、皂甙、鞣质、甾体、生物碱等重要药用成分,香椿种子中含有醛、酮、萜类、皂甙、甾体和挥发油等,香椿树皮含川楝素、洋椿苦素、甾醇、鞣质、柠檬苦素类等。

　　香椿叶多酚类物质中含黄酮苷类和苷元、没食子酸、没食子儿茶素缩合鞣质、没食子鞣质、单体原花青素等成分,嫩叶中含有丰富的黄烷醇衍生物、黄酮醇苷类。香椿叶中黄酮类成分主要以苷的形式存在,主要有槲皮素-3-O-葡萄糖苷、槲皮素-3-O-鼠李糖苷、槲皮素-3-O 葡萄糖苷(6-1)鼠李糖、山萘酚-3-O-葡萄糖苷、山萘酚-3-O-阿拉伯糖、$6,7,8,2'$-四甲氧基-$5,6'$-二羟基黄酮、$5,7$-二羟基-8-甲氧基黄酮等,所含黄酮醇苷的苷元主要是槲皮素、山萘酚,与银杏叶所含黄酮苷元大致相同,而且同季节香椿叶中的总黄酮苷元含量比银杏叶中的含量高出 2~3 倍。罗晓东等人从香椿叶的乙醇提取物中分离得到 $6,7,8,2'$-四甲氧基-$5,6'$-二羟基黄酮、$5,7$-二羟基-8-甲氧基黄酮、山萘酚、3-羟基-$5,6$-环氧-7-megastigmen-9-酮、没食子酸乙酯、东莨菪素等 6 种化合物。张仲平等人用醇提法专门对香椿叶黄酮类成分进行分离,得到槲皮素-3-O-鼠李糖苷、槲皮素-3-O-葡萄糖苷及槲皮素 3 种化合物。战旗等人采用反相高效液相色谱法(RP-HPLC)对济南地区 4 月、5 月、9 月的香椿叶中黄酮类含量进行季节性跟踪,发现香椿叶含有槲皮素、山萘酚 2 种黄酮苷元,且以槲皮素为主,4 月份芽期总黄酮苷元含量最高,与仲英等人报道的不同季节银杏叶中总黄酮苷元的含量比较,相同季节香椿叶中总黄酮苷元含量比银杏叶高出2~3 倍,同时也证实叶中黄酮类物质主要是以苷的形式存在。战旗等人也从香椿叶的乙醇提取物中分离得到槲皮素。张毅平等人通过 HPLC 法比较香椿叶、银杏叶的黄酮含量,发现香椿叶所含黄酮醇苷经水解后苷元主要是槲皮素、山萘酚,与银杏叶所含黄酮苷元大致相同,也发现香椿叶中黄酮含量高出相同生长期的银杏叶,进一步证实槲皮素含量丰富的香椿叶是一种药用价值很高的天然资源。近年来,研究人员发现一些多酚能抑制动物和人类肿瘤的发展,具有防治心脑血管疾病及抗突变、抗病毒和抗氧化作用,引起人们研究和开发利用多酚的极大兴趣。张仲平等人对香椿叶多酚类化合物进行提取、分离和薄层的研究,通过 TLC 发现香椿叶多酚中含黄酮类苷和苷元、没食子酸、没食子儿茶素缩合鞣质、没食子鞣质和单体原花青素等成分,证实香椿叶及芽确实含有丰富的多酚类成分,这为解决香椿芽及叶的明显的褐变反应提供了理论依据。此外,张仲平等人以济南地区香椿芽为原料,对香椿芽中的多酚类化合物进行研究,发现香椿嫩叶中含有丰富的黄烷醇衍生物、黄酮醇苷类。这些化合物的分子结构中都有多个酚羟基,是天然的抗氧化剂,具有重要的应用价值。

　　综上所述,香椿是我国特有的珍贵材、菜、药多用途速生树种之一,含有丰富的天然生物活性物质,特别是抗氧化活性物质,具有较高的开发利用价值。对香椿的

化学成分的研究分析,使得香椿的药用及保健价值越来越被人们深刻认识,对香椿的综合开发利用具有指导意义。

第二节　香椿的生物活性

香椿的各个部位都具有药用价值,其功效也不相同,根皮或树皮称为香椿皮或椿白皮,味苦、涩,性微寒,归大肠、胃经,具有清热燥湿、涩肠、止血、止带、杀虫功效,用于泄泻、痢疾、肠风便血、崩漏、带下等症;叶子称为椿叶,味辛、苦,性平,归脾、胃经,具有祛暑化湿、解毒、杀虫功效,用于暑湿伤中、恶心呕吐、食欲缺乏等症;果实称为香椿籽,味辛、苦,性温,归肺、肝、大肠经,具有祛风、散寒、止痛功效,用于外感风寒、风湿痹痛、胃痛等症,其中香椿皮(干燥树皮)为贵州苗药。现代研究发现香椿提取物及其成分具有抗炎、抗氧化、抗肿瘤、降糖、神经保护等生物活性。

一、抗炎、镇痛

炎症是巨噬细胞发挥关键作用的多种疾病中的主要致病因素之一。当巨噬细胞受到炎症刺激时,它们会被激活并分泌促炎介质、生长因子、生物活性脂质、水解酶、活性氧中间体和一氧化氮,并促进前列腺素的合成,因此会诱发炎症反应甚至导致疾病。在炎症和抗炎反应中发挥重要作用的因子2(Nrf2),可调节500多种不同基因的生长因子、炎性细胞因子、趋化因子、细胞周期调节分子和抗炎分子。血红素加氧酶-1(HO-1)是 Keap1/Nrf2/HO-1 通路中的一种应激诱导蛋白,由各种氧化和炎症信号诱导,随后诱导抗炎活性。因此,HO-1 作为一种针对炎症和氧化损伤的适应性细胞反应发挥作用,它受 Nrf2 的调节。巨噬细胞在多种炎症性疾病中起关键作用。Keap1/Nrf2/HO-1 信号传导的激活导致巨噬细胞失活并改善炎症和自身免疫状况。因此,Keap1/Nrf2/HO-1 信号通路激活因子的发现已成为治疗炎症性疾病的策略。在一项研究中,首次在体内和体外对 7-deacetylgedunin(7-DGD)(一种从香椿的果实中分离出的柠檬苦素化学物质)的抗炎潜力进行了深入研究。结果表明,7-DGD 减轻了 LPS 诱导的小鼠死亡率。Chen 等人的研究表明,7-DGD 通过抑制巨噬细胞增殖在 G0/G1 期诱导细胞停滞。此外,7-DGD 可抑制 iNOS 表达,这与细胞中 NQO1、HO-1 和 UGT1A1 mRNA 表达以及 HO-1 蛋白表达水平的增加相关。更重要的是,7-DGD 能显著降低 Keap1 的表达,促进 p62 的表达,促进 Nrf2 在巨噬细胞核中的易位和定位,进而上调这些抗氧化酶的表达,最终发挥介导抗炎作用。总的来说,7-DGD 在体内和体外抑制炎症,表明该化合物对于未来作为抗炎剂的进一步研究是有价值的。

阮志鹏等人发现,香椿叶水提取物可以抑制二甲苯致小鼠耳郭和角叉菜胶致大鼠足肿胀,其作用可能与降低足组织中一氧化氮和 PGE2 的量有关。杨艳丽等人发现,香椿籽总多酚对佐剂型关节炎大鼠有一定的治疗作用,能减轻大鼠足趾肿胀度、降低脾脏指数和胸腺指数,改善踝关节病理组织形态。Yang 等人发现,香椿叶水提取物能改善 CLP 诱导败血症小鼠的存活率,可减少小鼠的肺损伤,其与减少一氧化氮的产生和 iNOS 酶的表达,增加 HO-1 的表达有关。在体内实验表明,香椿叶水提取物能抑制 LPS 诱导转基因小鼠 NF-κB 的激活;体外实验表明,其能降低小肠中 TXNL4B 及 RAW 264.7 中 TXNL4B、iNOS、COX-2 的表达,这些与调节 NF-κB 通路有关。Su 等人发现,香椿叶水提取物对醋酸致小鼠扭体有一定的镇痛作用。

二、抗氧化

香椿是一种在亚洲广泛种植的木本植物。最近,化学鉴定了香椿叶(TSL)提取物中的几种抗氧化化合物,包括槲皮素、没食子酸等。然而,关于 TSL 的抗氧化功能的体内实验是有限的。在 Yu 等人的研究中,通过腹腔注射过氧化氢(H_2O_2)成功地建立了具有氧化应激的 Sprague-Dawley(SD)大鼠,并用不同的 TSL 提取物进行体内抗氧化评价。在这项研究测试的 TSL 中,与 TSL-2 和 TSL-2P 组相比,TSL-6 表现出最好的抗氧化作用,增加了过氧化氢酶、铜/锌超氧化物歧化酶(Cu/Zn-SOD)、谷胱甘肽过氧化物酶(GPx)、谷胱甘肽还原酶(GR)、谷胱甘肽 S 转移酶(GST)的活性。总之,此研究首次提供了强有力的体内证据,证明 TSL 提取物可改善肝脏中的抗氧化酶(AOEs)活性,并有利于肝脏解毒。

Yang 等人的一项研究的目的是评估无细胞毒性浓度的香椿叶水提取物(TS 提取物;50~100 $\mu g/mL$)和没食子酸(5 $\mu g/mL$)(这些提取物的主要成分)对于 AAPH 诱导的人脐静脉内皮细胞(ECs)中的氧化细胞损伤的保护作用。该研究发现,ECs 暴露于 AAPH 使细胞活力从 100% 降低到 43%。然而,在 AAPH 诱导之前,EC 与 TS 提取物预孵育导致对氧化应激的抵抗力和细胞活力以剂量依赖性方式增加。响应 AAPH 暴露,ECs 衍生的 PGI(2)和 IL-1β 的增加与细胞毒性呈正相关,与 TS 提取物浓度呈负相关。此外,没食子酸还能抑制 AAPH 诱导的 ECs 中 PGI(2)和 IL-1 β 的产生。值得注意的是,TS 提取物/没食子酸处理显著抑制 AAPH 刺激的 ECs 中的 ROS 生成、MDA 形成、SOD/过氧化氢酶活性和 Bax/Bcl-2 失调。用 TS 提取物/没食子酸预处理 ECs 也抑制了 AAPH 诱导的细胞表面表

达及 VCAM-1、ICAM-1 和 E-选择素的分泌,这与 U937 白细胞对 ECs 的黏附减少有关。此外,TS 提取物/没食子酸处理显著抑制了 AAPH 介导的 ECs 中 PAI-1 的上调和 t-PA 的下调,这可能会降低纤溶活性。因此,香椿可能具有保护内皮细胞免受氧化应激的抗氧化特性。此研究结果还支持传统使用香椿治疗自由基相关疾病和动脉粥样硬化。

香椿叶水提取物具有较强的抗氧化能力,具有清除自由基、较强的还原力和金属螯合能力,它能阻止 AAPH-诱导人红细胞的氧化溶血、脂质过氧化和 SOD 活力下降。香椿叶水提取物对 AAPH-诱导人脐静脉内皮细胞(ECs)氧化损伤具有保护作用,并成剂量依赖性。其能抑制 AAPH-ECs 中 ROS 产生、MDA 形成、SOD/过氧化氢酶活性和 Bax/Bcl-2 失调。香椿叶乙醇提取物对 H_2O_2 诱发小鼠氧化应激有一定的保护作用,这与增加肝脏中过氧化氢酶、铜/锌 SOD、GPx、GR 和 GST 的活性有关,其还能加强 AOEs 的活性,增加肝脏的解毒能力。体内研究发现,大鼠灌胃厌氧发酵的香椿叶提取物能显著增加肝组织中抗氧化酶的活性,增加过氧化氢酶(CAT)、谷胱甘肽过氧化酶(GPx)和超氧化物歧化酶(SOD)的 mRNA 表达和 CAT 蛋白的水平。从香椿叶中分离得到的部分三萜类化合物也具有清除自由基的能力。

三、抗肿瘤

香椿对肺癌、褪黑激素、卵巢癌、结肠癌和肝癌显示出有效的抗增殖作用。然而,研究者们很少研究香椿对骨肉瘤细胞的影响。在 Chen 等人的一项研究中发现,香椿叶组分 1(TSL-1)导致 MG-63、Saos-2 和 U2OS 骨肉瘤细胞系中的细胞活力受到抑制,而它仅对正常成骨细胞产生中度抑制作用。此外,TSL-1 显著提高了 Saos-2 细胞的乳酸脱氢酶渗漏并诱导细胞凋亡和坏死。TSL-1 增加促凋亡因子 Bad 的 mRNA 表达。更重要的是,TSL-1 通过增加 caspase-3 显著抑制裸鼠中 Saos-2 异种移植肿瘤的生长。TSL-1 对 3 个受试骨肉瘤细胞的 IC-50 约为肺癌细胞的 1/9。此研究能够证明 TSL-1 是一种来自 TSL 的分级提取物,由于细胞凋亡而对骨肉瘤细胞产生了显著的细胞毒性。体内异种移植研究表明,TSL-1 至少部分通过诱导细胞凋亡来抑制骨肉瘤细胞的生长。研究结果表明,TSL-1 有潜力成为一种有前途的抗骨肉瘤佐剂功能性植物提取物。

据报道,香椿提取物对培养的细胞系有多种作用,包括对癌细胞的抗增殖活性。Jia 等人研究了香椿提取物对各种人口腔鳞状细胞癌细胞系(HOSCC)的影响,包括 UM1、UM2、SCC-4 和 SCC-9。用香椿叶提取物处理这些细胞系并筛选活力、坏死和凋亡基因表达。正常人口腔角质形成细胞(NHOK)用作细胞毒性测定的对照。香椿叶提取物治疗的 HOSCC 的生存能力降低,而 NHOK 的生存能力不受影响。FACScan 分析显示,叶提取物诱导细胞凋亡或细胞凋亡和坏死的组合,这取决于细胞类型。细胞凋亡相关基因表达的微阵列和半定量 RT-PCR 分析显示 3,4,5-三羟基苯甲酸(没食子酸,一种从香椿提取物中纯化的主要生物活性化合物)上调促凋亡基因,如 TNF-α、TP53BP2 和 GADD45A,并下调抗凋亡基因 Survivin 和 cIAP1,导致细胞死亡。该研究表明,存在的主要生物活性化合物没食子酸负责香椿叶提取物的抗肿瘤作用。

Hong 等人发现,香椿叶提取物能抑制 A549 细胞增生,有效抑制 cyclin D1 和 E 的表达,有效阻断细胞周期进程,并且能激活 caspase-3 蛋白,从而诱导细胞凋亡。Yang 等发现香椿叶提取物能诱导 HL-60 细胞凋亡,并呈剂量和时间的依赖性,其凋亡机制与细胞色素 C 从线粒体内膜释放到胞浆,引发其下游 caspase-3 活化,可以降解 PARP,使 Bcl-2/Bax 比值降低,诱导 HL-60 细胞凋亡,其机制与线粒体的结构与功能有关,还可以诱导产生大量 ROS,而 ROS 直接参与死亡调节。香椿叶提取物 TSL-1 对 H441、H520 和 H661 细胞增生有抑制作用,IC_{50} 值分别为 0.20 mg/mL、0.25 mg/mL、0.12 mg/mL,其机制可能是通过上调 p27 水平,进而抑制 cyclin D1 和 CDK^4 表达,导致细胞被阻滞在 G1 期,并降低 Bcl-2 表达,同时增加 Bax 表达,从而抑制细胞增殖,诱导细胞凋亡。香椿叶提取物能诱导肾细胞癌凋亡,改变线粒体膜电位,可通过线粒体膜电位下降,细胞色素 C 从线粒体内膜释放到胞浆,引发其下游 caspase-3、7、9 激活和 PARP 降解、减少 Bcl-2 和热休克蛋白表达,还可以诱导产生大量 ROS,而 ROS 直接参与死亡调节。Wu 等人研究香椿叶挥发油对 SGC7901、HepG2、HT29 细胞的增殖有抑制作用,IC_{50} 值分别为 70.38 μg/mL、82.20 μg/mL、99.94 μg/mL,在质量浓度大于 100 μg/mL 时,对 HUVE 细胞无毒性。挥发油对 SGC7901 细胞的抑制作用呈剂量依赖性,与上调 Bax 和 caspase-3、下调 Bcl-2 表达有关。Chang 等人发现,香椿叶的 TSL-2 部位抑制 SKOV3 细胞的增殖,使其停滞在 G2/M,TSL-2 能抑制模型动物卵巢癌细胞的增殖,抑制作用呈剂量依赖性。Mitsui 等人发现,从香椿中分离得到的 23 个 apotirucallane 型三萜化合物对 P-388 细胞有细胞毒性,其 IC_{50} 为 0.26~9.9 mg/mL。

四、降糖

高血糖是糖尿病慢性并发症的重要危险因素。高血糖不仅会促进活性氧(ROS)的产生,还会促进抗氧化剂的消耗,从而导致氧化应激并促进并发症的发生。在 Liu 等人的研究中,从香椿的果皮中不断寻找抗氧化成分的过程中,分离出了两种以前未报道的脱脂素型三萜类化合物(香椿素 A 和香椿素 B)以及五种已知

的脱脂素型三萜类化合物和两种已知的环阿烷型三萜类化合物。两种已知的环阿烷型三萜类化合物为首次从香椿中获得。它们的结构是基于对光谱数据(1D、2D NMR、高分辨率电喷雾电离质谱、HR-ESI-MS)的解释以及与以前的报告的比较来表征的。多种化合物能够抑制在浓度为 $80~\mu$mol/L 的高葡萄糖条件下培养的大鼠肾小球系膜细胞(GMC)的增殖。一些化合物在体外测试了超氧化物歧化酶(SOD)、丙二醛(MDA)和 ROS 的抗氧化活性,结果表明这些化合物可以显著提高 SOD 水平并降低 MDA 和 ROS。目前的研究表明,apitirucallane 型三萜类化合物可能对糖尿病、肾病具有抗氧化作用。

胰岛素抵抗对 2 型糖尿病的发病机制至关重要,Liu 等人研究表明,香椿叶 95％乙醇提取物降低高脂饮食(HFD)诱导小鼠的血糖,刺激小鼠脂肪组织中的 PPARγ 和脂联素表达改善的胰岛素敏感性,还与激活骨骼肌中 AMPK 刺激葡萄糖摄取有关。Wang 等人发现香椿叶水提取物能改善四氧嘧啶糖尿病大鼠血浆中胰岛素的水平,进而介导葡萄糖转运蛋白第四型(GLUT4)来完成降糖作用。香椿叶超临界二氧化碳提取物能增加 3T3-L1 脂肪细胞对葡萄糖的消耗,呈剂量依赖性。糖尿病并发症严重威胁着人类健康,是终末期肾病、神经病变等的主要原因。香椿籽乙醇提取物能够改善糖尿病大鼠周围神经病变,其作用机制与降低血糖,抑制氧化应激,调节 NGF-β、TNF-α 和 IF-6 有关。

在 Wang 等人的一项研究中,测试了用水提取的香椿叶(TSL-1)对四氧嘧啶诱导的糖尿病 Long-Even 大鼠的影响。给予香椿叶水(TSL-1)、50％酒精(TSL-3)或水提取物(TSL-5)的糖尿病大鼠显示血浆葡萄糖水平较低。给予格列本脲(GC)的正常大鼠血浆葡萄糖水平较低,但 TSL-1 给药对血浆葡萄糖没有显著影响。相比之下,与糖尿病大鼠相比,给予四氧嘧啶诱导的糖尿病大鼠的 TSL-1 或 GC 显示血浆葡萄糖降低 40％。糖尿病大鼠的胰岛素水平较低。有趣的是,给予糖尿病大鼠的 TSL-1 或 GC 显示血浆胰岛素水平有所改善。糖尿病大鼠棕色和白色脂肪组织中 GLUT4 mRNA(RT-PCR)和 GLUT4 蛋白(Western blot)的表达较低;相反,给予 TSL-1 或 GC 的糖尿病大鼠显示 GLUT4 mRNA 和蛋白质水平显著增加。此外,糖尿病大鼠、给予 TSL1 或 GC 的糖尿病大鼠和正常大鼠的红白肌肉中 GLUT4 mRNA 的表达无显著差异。与糖尿病大鼠相比,给予 TSL1 或 GC 的糖尿病大鼠在白肌中的 GLUT4 蛋白水平较低,而在红肌中则没有。最终,楝科叶具有降低胰岛素水平的低血糖作用,以介导脂肪 GLUT4。

五、神经保护

香椿又称红木,是楝科,属多年生落叶乔木,在东亚和东南亚广泛分布和栽培,其新鲜的嫩叶和嫩芽在中国已被作为一种非常受欢迎的营养蔬菜食用,并被证实具有多种生物活性。Fu 等人为研究香椿新鲜嫩叶和嫩芽的化学成分及其对健康的潜在益处,故对其新鲜嫩叶和嫩芽进行了植物化学研究。在目前的研究中,有16 种柠檬苦素,包括四种新的柠檬苦素、香椿素 AD 和一种新的天然柠檬苦素类化合物、Toonasinenoid E,可从香椿的新鲜幼叶和芽中分离和表征。通过综合光谱数据分析阐明了部分柠檬苦素的化学结构和绝对构型。在体外评估了所有分离的柠檬苦素对人体神经母细胞瘤 SH-SY5Y 细胞中 6-羟基多巴胺诱导的细胞死亡的神经保护作用。Limonoids 表现出显著的神经保护活性,EC_{50} 值在 $0.27\pm0.03\sim$ $17.28\pm0.16~\mu\text{mol/L}$ 范围内。这些结果表明,经常食用香椿的新鲜嫩叶和嫩芽可能预防帕金森病(PD)的发生和发展。此外,从香椿的新鲜嫩叶和芽中分离和表征这些具有显著神经保护活性的柠檬苦素类化合物,对于研究和开发用于预防和治疗帕金森病的新神经保护药物可能具有重要意义。

香椿叶是一种著名的传统东方药物,已被用于治疗肠炎和感染。香椿叶(TSL-1)的水提取物在体外和体内都表现出许多生物学效应。在中枢神经系统中,小胶质细胞激活及其促炎反应被认为是治疗脑缺血、阿尔茨海默病和帕金森病等神经炎性疾病的重要治疗策略。Wang 等人的研究试图验证 TSL-1 对脂多糖(LPS)刺激的小胶质细胞介导的神经炎症的影响。作为炎症参数,对一氧化氮、诱导型氧化氮合酶和肿瘤坏死因子-α 的产生进行了评估。研究结果表明,TSL-1 以浓度依赖性方式抑制 LPS 诱导的氧化氮产生、肿瘤坏死因子-α 分泌和诱导型氧化氮合酶蛋白表达,而不引起细胞毒性。此外,TSL-1 在 LPS 刺激的 BV-2 小胶质细胞中的抑制作用扩展到治疗后,表明了 TSL-1 的治疗潜力。因此,这项工作通过抑制活化小胶质细胞中炎症介质的产生,为 TSL-1 在治疗神经退行性疾病中的作用提供了未来评估。

香椿水提取物正丁醇萃取部位对大鼠大脑中动脉闭塞诱导的局灶性脑缺血损伤具有保护作用,可减少局部缺血诱导的急性脑梗死、脑含水量和神经损伤,减少缺血脑组织中脂质过氧化、环氧合酶-1 和血栓素的水平,提高谷胱甘肽过氧化酶、超氧化物歧化酶的活性,其神经保护作用与抗氧化和抗炎有关。Wang 等人研究发现,香椿叶水提取物能抑制 LPS 诱导的 BV-2 细胞的炎症,减少 NO 生成,能抑制 TNF-α 分泌和 iNOS 蛋白的表达。Liao 等人发现,香椿叶、根和皮提取物可减少 SAMP8 脑中 β-淀粉样蛋白质沉淀和认知衰退。

六、抗血管生成

香椿是众所周知的中药,它已被证明具有抗癌和抗炎作用。Hseu 等人的一项研究旨在评估香椿水提取物或香椿提取物的主要成分没食子酸对 VEGF 诱导的 EA. hy 926 和人脐静脉内皮细胞（HUVECs）的抗血管生成作用。通过台盼蓝排除法测定对 EA. hy 926 和 HUVECs 的抑制作用。进行侵入、管形成和鸡绒毛尿囊膜测定以确定体外和体内抗血管生成作用。香椿提取物（50～100 μg/mL）和没食子酸（5 μg/mL）的非细胞毒性浓度抑制 VEGF 刺激的 EA. hy 926 和 HUVECs 的增殖。香椿提取物和没食子酸对血管生成的抑制作用通过 EA. hy 926 和 HUVECs通过 VEGF 诱导的迁移/侵袭和毛细血管样管形成来评估。此外，明胶酶谱分析表明，香椿提取物和没食子酸可抑制由 VEGF 激活的金属蛋白酶（MMP)-9 和 MMP-2 的活性。在体内，香椿提取物和没食子酸强烈抑制鸡胚绒毛尿囊膜中的新血管形成。流式细胞术分析和蛋白质印迹表明，用香椿提取物和没食子酸处理可通过减少细胞周期蛋白 D1、细胞周期蛋白 E、CDK⁴、过度磷酸化的视网膜母细胞瘤蛋白（pRb）、VEGFR-2 和 eNOS 的量来阻止 VEGF 刺激的 EA. hy 926 细胞。这些结果支持香椿的抗血管生成活性，这可能对其癌症和炎症的化学预防潜力起到关键作用。

内皮细胞增殖是血管新生的重要环节，Hseu 等人研究香椿叶提取物（50～100 g/mL）显著抑制鸡胚绒毛尿囊膜（CAM）血管生成，在体外实验表明椿叶提取物能够抑制由 VEGF 诱导 EA. hy 926 和 HUVECs 细胞的增殖、迁移和微管形成，其可以通过减少 cyclin D1，cyclin E，CDK⁴，pRb，VEGFR-2 和 eNOS 的表达阻滞 EA. hy 926 停在 G0/G1 期。

七、抗菌

抗生素的广泛使用导致细菌多重耐药性增加，因此从植物中寻找天然抗菌剂成为一种有效的替代方法。Wu 等人采用微量稀释法测定了香椿叶挥发油对甲氧西林敏感金黄色葡萄球菌和耐甲氧西林金黄色葡萄球菌都有抑制作用，最小抑菌浓度（MIC）分别为 0.125 mg/mL、1 mg/mL。大部分植物提取物对枯草芽孢杆菌和伤寒沙门氏菌具有抗菌活性。香椿芽对金黄色葡萄球菌、痢疾志贺氏菌和大肠杆菌菌株表现出高抑制活性，最低抑菌浓度（MIC）分别为 1.56 mg/mL、0.78 mg/mL 和 0.39 mg/mL。伤寒沙门氏菌对抑制直径高达 21.67±0.95 mm 和 MIC 为 0.78 mg/mL 的梧桐树皮高度敏感。

八、生殖系统作用

香椿叶在亚洲通常用作蔬菜和香料。Yu 等人研究发现，饲喂香椿叶水提物

(TSL-A)可减轻氧化应激,恢复氧化应激下大鼠的精子活力和功能。通过蛋白质组学分析鉴定并通过蛋白质印迹验证的睾丸中的蛋白质表达表明,TSL-A 不仅下调谷胱甘肽转移酶 mu6(抗氧化系统)、热休克蛋白 90 kDa-β(蛋白质错误折叠修复系统)、cofilin 2(精子发生)和亲环蛋白 A(细胞凋亡),也上调 crease3-羟基-3-甲基戊二酰辅酶 A 合酶 2(类固醇生成)、热休克糖蛋白 96 和胰蛋白酶 1(精子-卵母细胞相互作用)。

Poon 等人发现,香椿叶提取物能降低人绒毛膜促性腺激素诱导的小鼠睾丸间质细胞睾酮的产生,并呈剂量依赖性,还能抑制 dbcAMP 诱导睾酮的产生,其作用与抑制 cAMP-PKA 信号通路和神经甾体合成代谢酶活性有关。香椿叶提取物能改善氧化压力下雄性小鼠精子质量和睾丸功能,这与其抗氧化作用有关。

九、抗病毒

严重急性呼吸系统综合征(SARS)是由 SARS 冠状病毒(SARS-CoV)引起的危及生命的疾病,总体死亡率约为 10%。因此,针对 SARS-CoV 的新型抗病毒药物的开发是一个重要问题。2003 年,Cinatl 等人首次报道了甘草甜素抑制 SARS-CoV 复制的发现,这表明传统草药可能是开发抗 SARS-CoV 新药的潜在资源。很多中医学中使用的草药可能是非常宝贵的,原因是中医在临床实践中具有良好的组织和数千年的历史。中医学书籍众多,其中《伤寒论》和《温病调本》(《温病辨证》)描述了一些类似 SARS 的疾病和疗法。因此,陈忠仁团队从这两本书中研究出了潜在的中医方剂(也称为汉方),还发现了几种被经验丰富的中医师认为对SARS 有益的草药。此外,中国和马来西亚的一种蔬菜——香椿嫩叶(又名 Cedrela sinensis,属于楝科)也是在植物学专家的建议下招募的。然后在体外测试这些中药产品和植物提取物对 SARS-CoV 的有效性。结果发现,香椿嫩叶提取物TSL-1 对 SARS-CoV 具有明显的抗 SARS-CoV 作用,此研究首次报道了香椿嫩叶的提取物可在体外抑制 SARS-CoV。因此,香椿嫩叶可能是对抗 SARS-CoV 的重要资源。

香椿叶水提物具有抗 H1N1 病毒作用,有效抑制 H1N1 在 MDCK 细胞上形成菌斑,EC_{50} 值为 20.4 $\mu g/mL$。其提取物能抑制病毒在感染的 A549 细胞中基因荷载,下调 H1N1 病毒感染后 A529 细胞对黏附分子和趋化因子(VCAM-1、ICAM-1、E-选择素、IL-8 等)的表达。香椿叶提取物在体外能抑制 SARS-CoV 病毒。

十、其他

椿叶叶子的 70%乙醇提取物表现出有效的黄嘌呤氧化酶(XO)抑制作用,IC_{50}

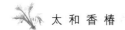

值为 78.4 μmol/L。Xiang 等人为了研究造成这种影响的化合物,生物测定指导的纯化导致了五种成分的分离,分别被鉴定为槲皮素-3-O-芸香苷、槲皮素-3-O-β-d-吡喃葡萄糖苷、1,2,3,4,6-五-O-没食子酰-β-d-吡喃葡萄糖(化合物 3)、槲皮素-3-O-α-l-吡喃鼠李糖苷和山奈酚-3-O-α-l-吡喃鼠李糖苷。化合物 3 对 XO 表现出最有效的抑制作用,IC$_{50}$值为 2.8 μmol/L。这与临床上用于治疗高尿酸血症的别嘌醇(IC$_{50}$=2.3 μmol/L)相似。动力学分析发现,化合物 3 是一种可逆的非竞争性 XO抑制剂。在体内,香椿叶提取物(300 mg/kg)或化合物 3(40 mg/kg)显著降低了含氧钾诱导的高尿酸血症大鼠的血清尿酸水平。此外,超高效液相色谱分析确定了香椿叶提取物中高水平的化合物 3。这些研究发现表明,可以开发香椿叶子来生产营养制品。

香椿叶水提物能促使原代大鼠肾上腺皮质细胞产生肾上腺类固醇,呈时间和剂量相关性,其作用与 cAMP 依赖性 PKA、类固醇生成酶和 StAR 的表达有关。香椿叶水提取物具有抗肝纤维化作用,减少胶原形成和 TGFb1,通过增加解毒和代谢来保护肝脏。

第三节 香椿的分子生物学研究

香椿是我国特有的珍贵用材和经济树种,是一种集用材、药用、香精、香料、食用、园林观赏等于一体的多用途林木资源。分子生物学是从分子水平研究作为生命活动主要物质基础的生物大分子结构与功能,从而阐明生命现象本质的科学。分子生物学技术的迅速发展为香椿的科学研究带来了新的机遇和挑战。从香气形成的分子机制、香椿的非生物胁迫相关的分子机制、香椿在相关疾病方面的分子机制等方面对香椿的分子生物学研究进行综述,并就亟须解决的问题和应用前景进行讨论。

一、香椿香气形成的分子机制研究

香椿是一种亚热带落叶乔木,是中国的传统食用木本蔬菜,而且具有独特的香气,有类似青葱和大蒜的混合气味。这些特征性香气成分是由香椿中风味前体物质经过酶促反应等一系列反应变化后产生的。王浩宇等人对香椿中的风味前体物质进行初步研究,并且取得了一定的进展,研究结果如下:

① 通过对香椿风味前体物质提取条件的优化,得到其最佳提取条件:提取剂

为蒸馏水、40 ℃、pH＝7、料液比为 1:25、300 W 超声 30 min。

② 采用离子交换色谱法对香椿风味前体物质进行了分离,得到两种化合物,并通过 TLC、NMR、IR 进行鉴定,然后采用 LC-MS 以及 Dns-Cl 柱前衍生法技术,得到两种物质的保留时间和峰面积,对这两种物质进行定性定量分析,确认这两种化合物为 γ-谷氨酰-丙烯基疏基甘氨酸和三肽 $C_{11}H_{19}N_3O_6S$(Glu-Cys-Ala),纯度分别为 80.8％(136 mg)和 97.26％(14 mg)。

③ 采用 GC-MS 和 GC-O 技术,确定了香椿香气成分 2-疏基-2,3-二氢-3,4-二甲基噻吩,并初步探讨了香椿风味前体物质反应转化途径。

Xu 等人确定了挥发性化合物的谱,研究发现,两个萜类合酶基因 TsTPS1 和 TsTPS2 负责香椿中的萜类化合物合成。TsTPS1 和 TsTPS2 分别与香叶基和法尼基二磷酸孵育后提供多种产物,分别主要调节柠檬烯和 β-榄香烯的体外生物合成。分析表明,98％的小叶挥发物为倍半萜类化合物,发育小叶比成熟小叶释放更多的多样性和数量的挥发物,且 β-榄香烯是两者的主要成分。这些数据表明,香椿的浓郁气味由多种萜类化合物组成,而 TsTPS2 是参与香椿萜类生物合成的主要基因。原位杂交显示叶轴的腺细胞积累了大量的 TsTPS1 mRNA 转录物。Xu 等人基于 GFP 的测定进一步证明 TsTPS1 的转运肽特异性靶向线粒体。

二、香椿的非生物胁迫相关的分子机制研究

为探索香椿种子萌发及幼苗生长对混合盐碱胁迫的适应特点,明确我国特有经济树种香椿能否适应我国各地区的盐碱地环境,巩志勇等人将一年生香椿实生苗进行盆栽,设置 AⅠ(pH＝7.16)、AⅡ(pH＝8.47)、AⅢ(pH＝9.91)三个碱水平,每个碱水平下设 S50(50 mmol/L)、S100(100 mmol/L)、S150(150 mmol/L)、S200(200 mmol/L)四个盐浓度,测定不同处理下香椿叶片光合参数、叶绿素含量、膜损伤程度、保护酶活性和渗透调节物质含量等指标,探究盐碱胁迫对香椿幼苗光合及生理生化特征的影响,为盐碱地香椿抗逆栽培提供理论依据。研究结果表明:

① 在 AⅠS50 和 AⅡS100 处理下,香椿幼苗地上部整体长势良好。

② 随着盐碱浓度增加,香椿叶片净光合速率、蒸腾速率、气孔导度等光合参数和叶绿素含量总体呈下降趋势,而胞间二氧化碳浓度呈上升趋势。其中,在 S50 和 S100 盐浓度处理下,AⅠ碱水平处理香椿幼苗的各光合指标与对照相比无显著差异($P>0.05$),AⅡ和 AⅢ处理时幼苗叶片光合效率有所下降,而较高盐浓度处理时(S150 和 S200)各碱水平下叶片光能利用率均受到显著抑制。

③ 随盐碱胁迫的加剧,叶片相对电导率、丙二醛及脯氨酸含量均显著上升,其 SOD 活性以及可溶性蛋白和可溶性糖含量则先升后降。研究认为,香椿幼苗对碱

胁迫的敏感性比盐胁迫更强,土壤 pH 是影响香椿幼苗生长的重要因素,盐碱混合胁迫显著抑制了香椿幼苗叶片光合作用,但香椿可以通过调控抗氧化系统和渗透调节物质来适应盐碱胁迫环境,从而具备一定的耐盐碱能力。

姚侠妹等人采用水培方式,设置不同梯度氯化钠(NaCl)浓度(0 mmol/L、100 mmol/L、150 mmol/L、200 mmol/L 和 250 mmol/L),对 4 个月生的香椿幼苗进行处理,并进行相关生长和光合生理指标测定。研究结果表明:随着 NaCl 浓度的提高,香椿幼苗叶长、叶宽和株高呈降低趋势,同样经 NaCl 处理的香椿叶片净光合速率、蒸腾速率和气孔导度也显著降低,均与对照差异显著($P<0.05$),而经 150 mmol/L NaCl 处理的叶宽、净光合速率、蒸腾速率和气孔导度与 200 mmol/L NaCl 下没有显著差异($P>0.05$)。由此可知,盐胁迫影响了香椿的光合生理作用,进而影响了香椿幼苗的生长,为探讨香椿的盐胁迫响应机制提供了理论依据。

肉桂醇脱氢酶(Cinnamyl-alcohol dehydrogenase,CAD)是木质素生物合成的关键酶之一,为探讨肉桂醇脱氢酶基因在香椿抵抗非生物胁迫方面发挥的作用,隋娟娟等人从香椿转录组数据中筛选并克隆得到 1 个 CAD 基因,其开放阅读框为 1068 bp,共编码 355 个氨基酸,结构域分析发现香椿 CAD 蛋白含有 1 个 NADP(H)辅酶结构域,2 个 Zn 结合位点,系统进化树分析表明香椿 CAD 与柑橘 CAD1 亲缘关系最近,将其命名为 TsCAD 1。实时荧光定量 PCR 结果显示,TsCAD 1 在香椿幼苗根中的表达量显著高于茎与叶中的表达量;38 ℃高温胁迫 24 h 期间,TsCAD 1 在香椿叶片中的表达量呈现先降低后显著上升的趋势;4 ℃低温胁迫 24 h 期间,TsCAD 1 的表达呈现先上升后下降的趋势;200 g/L PEG 6000 干旱胁迫 24 h 期间,TsCAD 1 的表达趋势为先下降后上升又下降,但其表达水平均低于对照;200 mmol/L NaCl 胁迫处理 24 h 期间,TsCAD 1 的表达表现为先下降后上升,其表达水平均低于对照。根据以上结果推测香椿 TsCAD 1 基因可能在香椿的非生物胁迫防御机制方面发挥功能,该试验结果为通过分子生物技术改良香椿的栽培抗性提供了理论参考。

三、香椿在相关疾病方面的分子机制研究

(一)香椿抗癌的分子机制研究

香椿叶提取物对各种癌细胞类型具有并表现出抗癌功效。在中国台湾民间传说中,牛樟芝(Antrodia camphorata)也被称为"牛成子",在传统医学中用于治疗各种疾病。它的果实和菌丝体具有多种有效的抗增殖特性。研究表明,香椿和牛樟芝均具有引起各种癌细胞凋亡的能力。以前对香椿和牛樟芝的研究表明,香椿

和牛樟芝可诱导人白血病（HL-60）细胞凋亡。单纯用香椿或牛樟芝治疗相比，将两者联合治疗显著增加了 HL-60 细胞的 sub-G1 积累。此外，与对照细胞相比，这种联合治疗显著上调了凋亡细胞约 45%。这些数据表明香椿和牛樟芝通过凋亡机制在 HL-60 细胞中表现出保护作用。Bcl-2 蛋白家族（Bcl-xl、Bcl-w 和 Bcl-2 以及 Bax、Bad 和 Bok）在线粒体介导的细胞凋亡中作为抑制剂或激活剂发挥着关键作用。Yang 等人确定了联合治疗对 HL-60 细胞中 Bax 和 Bcl-2 蛋白表达模式的影响。结果表明，与对照细胞相比，联合治疗显著增加了 HL-60 细胞中促凋亡 Bax 蛋白的表达，并降低了抗凋亡 Bcl-2 蛋白的表达水平。此外，与 Bcl-2 表达相比，Bax 与 Bcl-2 的比率也表明 Bax 值显著增加（约 45 倍）。这些数据进一步表明，联合治疗通过 Bax 途径诱导 HL-60 细胞发生凋亡。

细胞凋亡由通过线粒体（内在）或死亡受体（外在）途径的半胱天冬酶依赖性途径组成。细胞凋亡的启动是由线粒体功能障碍以及线粒体膜和从线粒体释放到细胞质的细胞色素 C 的潜在损失引起的。在香椿和牛樟芝的治疗中寻找 caspase-3 单独和联合治疗，因为细胞色素 C 参与触发细胞凋亡的下游半胱天冬酶的激活。细胞色素 C 释放后，首先激活 caspase-9，然后与 Apaf-1 结合以激活 caspase-3。活化的 caspase-3 进入细胞核后，将 PARP（一个 115 KDa 的片段）切割成一个 89 KDa 的无活性片段，从而导致细胞凋亡。据此，进一步测试了与中华刺桐和樟脑介导的 HL-60 细胞凋亡相关的各种蛋白质表达的分子参数。结果显示，我们从细胞溶质细胞色素 C、切割的 caspase-3（1917 KDa）和切割的 PARP（85 KDa）蛋白的表达中获得的蛋白质印迹数据表明，联合治疗显著上调了这些蛋白质的表达，以证明它在 HL-60 细胞中有效诱导半胱天冬酶依赖性线粒体凋亡机制。

Bcl-2 家族蛋白在线粒体相关的内在细胞凋亡途径中起着重要的调节作用，而 Bax 则严重导致凋亡细胞死亡。值得注意的是，Bcl-2 和 Bcl-xL 对正常癌症治疗的抵抗力有限。由此可见，Bax 和 Bcl-2 蛋白水平之间的平衡对于细胞凋亡的发生很重要。Bax 促进线粒体膜通透性并伴随细胞色素 C 的释放，最终导致细胞凋亡。与单独的药物相比，联合治疗显著增加了 Bax 的表达并降低了 Bcl-2 的表达，这表明它通过将 Bax/Bcl-2 比率改变 45 倍来诱导 HL-60 细胞的凋亡。研究表明，从各种传统草药中分离出的生物活性化合物可以增强化疗效果，因为它们已引起细胞凋亡并在体内和体外显示出抗癌潜力。研究已经确定，联合治疗通过细胞凋亡证明了协同作用，并调节了 COX-2 和 MMP 蛋白。香椿和牛樟芝具有与线粒体信号通路相关的机制，这会导致内在和外在的凋亡通路相联系。研究结果强烈暗示联合治疗可能是抑制和治疗白血病的有效方法。

Hong 等人在研究中，通过细胞活力测定研究了香椿、麝香、香椿和麝香的三种汤剂对几种正常和癌细胞系细胞生长的抑制作用。结果表明，与两种单独的汤

剂相比,联合汤剂具有最强的抗癌作用;荧光显微镜观察结果表明,联合煎剂不诱导 HeLa 细胞凋亡和自噬;流式细胞仪分析显示,联合煎剂使 HeLa 细胞周期进展停滞在 S 期。煎剂孵育后,41 个细胞周期相关基因中,有 8 个基因减少,而通过实时 PCR 测定,有 5 个基因的 mRNA 水平增加。Western blotting 显示,Cyclin E1 蛋白水平无明显变化,而 p27 表达明显下降,CDC7 和 CDK7 水平明显升高。研究结果表明,RB 通路是导致 HeLa 细胞中煎剂诱导的 S 期细胞周期停滞的部分原因。因此,联合煎剂可能具有作为某些癌症的抗癌配方的治疗潜力。

香椿作为一种传统中药而广为人知,已被证明具有抗氧化作用。在 Yang 等人的研究中,在培养的人前髓细胞白血病 HL-60 细胞中研究了香椿诱导细胞凋亡的能力。HL-60 细胞用不同浓度的香椿和没食子酸的水提取物处理,这些天然酚类成分是从香椿提取物导致以细胞凋亡为标志的剂量和时间依赖性事件序列,如细胞活力丧失和核小体间 DNA 片段化所示。此外,HL-60 细胞中的细胞凋亡伴随着细胞色素 C 的释放、半胱天冬酶 3 的激活和聚(ADP-核糖)聚合酶(PARP)的特异性蛋白水解切割。香椿提取物和没食子酸诱导的细胞凋亡的增加也与 Bcl-2(一种有效的细胞死亡抑制剂)水平的降低以及 Bax 蛋白水平的增加有关,Bax 蛋白与 Bcl 异二聚化,从而抑制 Bcl-2。有趣的是,香椿提取物和没食子酸诱导 HL-60 细胞中剂量依赖性活性氧(ROS)生成。研究发现,过氧化氢酶显著降低了香椿提取物或没食子酸诱导的细胞毒性、DNA 片段化和 ROS 产生,同时也观察到维生素 C 和维生素 E 略有减少。研究结果表明,香椿提取物或没食子酸诱导的 HL-60 凋亡细胞死亡可能是由于产生了 ROS,尤其是 H_2O_2。因此,香椿可通过诱导凋亡对 HL-60 细胞发挥抗增殖作用和生长抑制作用。

香椿提取物已被证明在人类卵巢癌细胞系、人类早幼粒细胞白血病细胞和人类肺腺癌中具有抗癌作用。它的安全性也在动物研究中得到证实。然而,尚未研究其在人肺大细胞癌中的抗癌特性。Wang 等人的研究表明,使用通过冷冻干燥香椿叶(TSL-1)离心粗提物上清液获得的粉末来治疗人肺癌细胞系 H661。通过 3-(4-,5-dimethylthiazol-2-yl)-2,5 二苯基溴化四唑测定法评估细胞活力。流式细胞术分析显示 TSL-1 阻断 H661 细胞周期进程。蛋白质印迹分析显示促进细胞周期进程的细胞周期蛋白表达降低,包括细胞周期蛋白依赖性激酶 4 和细胞周期蛋白 D1,并增加抑制细胞周期进程的蛋白质的表达,包括 p27。此外,流式细胞仪分析显示 TSL-1 诱导 H661 细胞凋亡。蛋白质印迹分析表明,TSL-1 降低了抗凋亡蛋白 B 细胞淋巴瘤 2 的表达,并降解了 DNA 修复蛋白聚(ADP-核糖)聚合酶。TSL-1 显示出作为新型治疗剂或用作治疗人肺大细胞癌的佐剂的潜力。

(二)香椿在抗动脉粥样硬化方面的分子机制研究

香椿作为人们较为喜爱的素食菜肴之一,已被证明具有抗氧化、抗血管生成和抗癌等特性。在 Yang 等人的一项研究中,研究了香椿叶提取物(25～100 $\mu g/mL$)及其主要生物活性化合物没食子酸(5 $\mu g/mL$)在 LPS 处理的大鼠主动脉平滑肌中的抗动脉粥样硬化潜力肌肉(A7r5)细胞。研究发现,用非细胞毒性浓度的香椿叶提取物和没食子酸预处理通过分别下调 LPS 处理的 A7r5 细胞中的前体 iNOS 和 COX-2 来显著抑制炎症性 NO 和 PGE2 的产生。此外,香椿叶提取物和没食子酸抑制 LPS 诱导的细胞内 ROS 及其相应的介质 p47(phox)。值得注意的是,香椿叶提取物和没食子酸预处理在 Transwell 测定中显著抑制 LPS 诱导的迁移。明胶酶谱和蛋白质印迹表明,用香椿叶提取物和没食子酸处理可抑制 MMP-9、MMP-2 和 t-PA 的活性或表达。此外,香椿叶提取物和没食子酸显著抑制 LPS 诱导的 VEGF、PDGF 和 VCAM-1 表达。进一步研究表明,抑制 iNOS/COX-2、MMP、生长因子和黏附分子与抑制 NF-κB 活化和 MAPK(ERK1/2,JNK1/2 和 p38)磷酸化有关。因此,香椿可能有助于预防动脉粥样硬化。

(三) 香椿在神经保护方面的分子机制研究

张园园等人探讨香椿叶提取物对高脂大鼠视网膜组织的保护作用及对 B 淋巴细胞瘤-2(B-cell lymphoma-2,Bcl-2)蛋白和 Bcl-2 相关 x 蛋白(Bcl-2 associated x protein,Bax)表达的影响。方法:雄性 SD 大鼠 24 只,随机分为正常组(N 组)、高脂模型组(HF 组)和高脂模型+香椿叶提取物组(HF+TSLE 组),后两组高脂饮食诱导高脂血症模型;8 周后确认造模成功,HF+TSLE 组给予 TSLE 水溶液灌胃 4 周,N 组和 HF 组给予相同剂量生理盐水。12 周后对大鼠进行视觉电生理、血清血脂总胆固醇(total cholesterol,TC)、甘油三酯(triglyceride,TG)、低密度脂蛋白-胆固醇(low density lipoprotein-cholesterol,LDLC)和高密度脂蛋白-胆固醇(high density lipoprotein-cholesterol,HDL-C)检测,HE 染色,免疫组织化学和 Western blotting 检测 Bcl-2 蛋白、Bax 蛋白的表达,分析凋亡蛋白 Bax 的表达水平与电生理功能异常的相关性。结果 HF 组 TC、TG、LDL-C 较 N 组高,HDL-C 降低,差异均有统计学意义(均为 $P<0.05$);HF+TSLE 组 TC、TG、LDL-C 较 HF 组降低,HDL-C 明显升高,差异均有统计学意义(均为 $P<0.05$);HF+TSLE 组 HDL-C 较 N 组降低,TC、TG、LDL-C 较 N 组增加,差异均无统计学意义(均为 $P>0.05$)。三组大鼠 a 波潜伏期比较,HF 组较 N 组延长,HF+TSLE 组较 HF 组缩短,差异均有统计学意义(均为 $P<0.05$);HF+TSLE 组较 N 组延长,差异无统计学意义($P>0.05$)。三组大鼠 b 波潜伏期差异无统计学意义($P>0.05$);三组 a 波、b 波振幅差异均无统计学意义(均为 $P>0.05$)。HF 组 Bcl-2 蛋白表达水平较 N 组显著降低,Bax 蛋白较 N 组升高;HF+TSLE 组较 HF 组 Bcl-2 蛋白表达水平升高,Bax 蛋白表达明显下降。各组 Bax 蛋白表达水平与 a 波和 b 波潜伏期均呈正相关性

（均为 $P<0.05$），与 a 波和 b 波振幅均无相关性（均为 $P>0.05$）。研究结果表明，香椿叶提取物对脂代谢异常大鼠视网膜具有保护作用，并且可能是通过调节 Bcl-2 蛋白、Bax 蛋白的表达来发挥作用的。

为了探讨香椿籽多酚（PTSS）对帕金森病大鼠神经炎症的抑制作用及其机制。Wen 等人将 6-羟基多巴胺（6-OHDA）立体定向注射到 Sprague-Dawley 雄性大鼠纹状体的一侧制备帕金森病大鼠模型。模型大鼠随机分为模型组和 PTSS 组（$n=10$），另设正常对照组（$n=10$）。30 d 后，对大鼠腹腔注射阿扑吗啡（APO），诱导其转动行为，观察各组大鼠的行为变化，即 DA 神经元（酪氨酸羟化酶阳性，TH 阳性）、小胶质细胞（离子化钙结合衔接分子-1，通过免疫组织化学检查各组大鼠黑质（SN）中的 Iba1 阳性）和星形胶质细胞（胶质纤维酸性蛋白，GFAP 阳性）。通过免疫组织化学染色，评估诱导型一氧化氮合酶（iNOS）、核因子-κB p65（NF-κBp65）、p38 丝裂原活化蛋白激酶（p38MAPK）和磷-p38 丝裂原活化蛋白激酶（p-p38MAPK）水平。通过蛋白质印迹分析检测 SN 中 TH、GFAP、p38MAPK 和 p-p38MAPK 的蛋白水平。结果发现，PTSS 组大鼠转数较模型组明显减少，模型组 TH 阳性细胞数远少于对照组，PTSS 干预显著提高了 TH 阳性细胞的数量和蛋白水平。与对照组相比，模型组 Iba1、GFAP、iNOS、NF-κB、p38MAPK 和 p-p38MAPK 蛋白水平明显升高，PTSS 干预可明显抑制。结论表明，PTSS 通过抑制 p38MAPK 信号通路，降低了 PD 大鼠炎症因子的表达，对 DA 神经元具有保护作用。

四、小结

当前关于香椿的分子生物学研究正在进行，分子生物学方面的研究还较为薄弱，对于香椿诸多重要的经济和材用性状的基因表达调控机制仍了解不多。就香椿的分子生物学研究而言，收集香椿种质资源、建立香椿的种质资源库，并进行多种研究，可为分子育种提供数据支持。香椿全基因组测序计划的完成及分子生物学技术的不断发展，可以对香椿的优良性状基因进行分离、克隆，获得关键的功能基因，揭示其分子网络调控机制，为加速获得优良品质的香椿品种奠定基础，改善香椿的分子基础研究薄弱和良种化水平极低的局面，促进香椿产业的发展提供理论支撑。

香椿自身独特的生物学特性极大地限制了其遗传改良进程，但现代分子生物学技术的迅速发展，给香椿的基因工程技术、体细胞胚培养技术、基因组学技术、蛋白质组学技术、转录组学技术、代谢组学技术及其在遗传育种中的应用带来了新的机遇和挑战。加快香椿种质资源收集，加强新技术、新方法的研究和利用是进行香椿遗传改良的关键。将传统育种方法与基因工程、细胞工程及分子标记辅助育种等先进分子生物学技术相结合,挖掘、鉴定重要的经济和材用性状基因,可促进香椿由传统育种向现代化育种转变,为开展香椿遗传育种基础理论研究、优化育种程序培育新品种奠定基础。随着分子生物学理论和技术的飞速发展,传统育种方法和转基因技术相结合,有关香椿的研究必将进入一个崭新的阶段。

参 考 文 献

[1] 余超波.森林蔬菜:香椿[J].植物杂志,1998(1):7.

[2] 马秋香.香椿的加工与栽培技术[J].农产品加工学刊,2005(8):70-71.

[3] 陈丛瑾,黄克瀛.环己烷捕集水蒸气蒸馏香椿叶挥发油及其成分分析[J].生物质化学工程,2008,42(2):27-29.

[4] 谷月玲,胡耿源,傅水玉.香椿叶精油成分的研究(1):香椿叶精油的提取及色质条件的探索[J].质谱学报,1994,15(4):75-77.

[5] 谷月玲,胡耿源,傅水玉.香椿叶精油成分的研究(2):香椿叶精油的GC-MS定性分析[J].质谱学报,1996,17(4):57-58.

[6] 陈丛瑾,黄克瀛,李姣娟,等.不同方法提取香椿芽挥发油的比较研究[J].分析试验室,2009,28(1):30-35.

[7] 刘信平,张驰,余爱农,等.香椿挥发性化学成分的研究[J].精细化工,2008,25(1):41-44.

[8] 陈丛瑾,杨国恩,袁列江,等.HS-SPME/GC-MS法分析香椿芽、叶的挥发性化学成分[J].精细化工,2009,26(11):1080-1084.

[9] 李大景,邵金良,张忠录.榄香烯的药理研究及临床应用[J].时珍国医国药,2001,12(12):1123-1124.

[10] 花文峰,蔡绍晖.β-榄香烯抗肿瘤作用的基础与临床研究[J].中药材,2006,29(1):93-96,127.

[11] 陈铁山,罗忠萍,崔宏安,等.香椿化学成分的初步研究[J].陕西林业技术,2000.

[12] Mitsui K, Maejima M, Fukaya H, et al. Limonoids from *Cedrela Sinensis*[J]. Phytochemistry, 2004, 65(23): 3075-3081.

[13] Luo X, Wu S, Ma Y, et al. Limonoids and phytol derivatives from *Cedrela Sinensis*[J]. Fitoterapia, 2000, 71(5): 492-496.

[14] Ncto J, Silva M, Fo E, et al. Norlirnonids from seeds of *Toona Ciliata*[J]. Phytochemistry, 1998, 49(5): 1369-1373.

[15] Mitsui K, Maejima M, Saito H, et al. Triterpenoids from *Cedrela sinensis*[J]. Tetrahedron, 2005, 61(44): 10569-10582.

[16] 漆淑华,罗晓冬,张偲,等.椿亚科和麻楝亚科植物化学成分和生物活性的研究进展[J].天然产物研究与开发,2006,18(3):497-502.

[17] 李国成,余晓霞,廖日房,等.香椿树皮的化学成分分析[J].中国医院药学杂志,2006,26(8):949.

[18] Kipassa N, Wagawa T, Okamura H, et al. Limonoids from the stem bark of *Cedrela odorata*[J]. Phytochemistry, 2008, 69(8): 1782-1787.

[19] 张仲平,孙英,牛超,等.香椿多酚类化合物的提取、分离和薄层研究[J].中国野生植物资源,2002,21(4):52-53.

[20] 张仲平,邵林.香椿叶中多酚类化合物的 TLC 研究[J].山东中医杂志,2000,19(4):237-238.

[21] 罗晓东,吴少华,马云保,等.椿叶的化学成分研究[J].中草药,2001,32(5):390-391.

[22] 张仲平,赵惠英.香椿叶中黄酮成分及其含量的季节性变化研究[J].山东中医药大学学报,2001,25(2):141-142.

[23] 战旗,张仲平.香椿叶黄酮类成分的分离与鉴定[J].中药材,2001,24(10):725-726.

[24] 张毅平,张仲平.高效液相色谱法比较香椿叶、银杏叶的黄酮含量[J].中国现代应用药学,2003(3):63.

[25] 战旗,赵惠英,张毅平.香椿叶黄酮含量的季节性变化[J].中药材,2001,24(1):14-15.

[26] 仲英,唐文照,丁杏苞,等.不同树龄的银杏叶在不同生长季节中银杏总黄酮和总内酯的含量变化[J].中草药,1999,30(12):909-910.

[27] 战旗,张仲平.香椿叶中槲皮素的提取分离与鉴定[J].山东中医药大学学报,2005(5):25.

[28] 陈迪华,常期,斯建勇.天然多酚成分研究进展[J].国外医药植物分册,1997,12(4):9.

[29] 刘运荣,胡健华.植物多酚的研究进展[J].武汉工业学院学报,2005,24(4):63-65,106.

[30] Peng W, Liu Y, Hu M, et al. *Toona sinensis*: a comprehensive review on its traditional usages, phytochemisty, pharmacology and toxicology[J]. Revista Brasileira de Farmacognosia, 2019, 29(1): 111-124.

[31] 周婵媛,阮婧华,黄健,等.香椿化学成分及生物活性研究进展[J].中成药,2020,42(5):1279-1291.

[32] Porcheray F, Viaud S, Rimaniol A, et al. Macrophage activation switching: an asset for the resolution of inflammation[J]. Clin. Exp. Immunol., 2005, 142(3): 481-489.

[33] Laskin D, Pendino K. Macrophages and inflammatory mediators in tissue injury[J]. Annu. Rev. Pharmacol. Toxicol., 1995, 35: 655-677.

[34] Humes J, Bonney R, Pelus L, et al. Macrophages synthesis and release prostaglandins in response to inflammatory stimuli[J]. Nature, 1977, 269(5624): 149-151.

[35] Reuter S, Gupta S, Chaturvedi M, et al. Oxidative stress, inflammation, and cancer: how are they linked[J]. Free Radic. Biol. Med., 2010, 49(11): 1603-1616.

[36] Naito Y, Takagi T, Higashimura Y. Heme oxygenase-1 and anti-inflammatory M2 macrophages[J]. Arch. Biochem. Biophys., 2014, 564: 83-88.

［37］　Chen J，Zhu G，Su X，et al. 7-deacetylgedunin suppresses inflammatory responses through activation of Keap1/Nrf2/HO-1 signaling[J]. Oncotarget.，2017，8(33)：55051-55063.

［38］　阮志鹏，陈玉丽，林丽珊. 香椿叶水提物对小鼠炎症抑制作用[J]. 中国公共卫生，2010，26(3)：334-335.

［39］　杨艳丽，陈超. 香椿子总多酚对佐剂型关节炎大鼠的治疗作用[J]. 中国现代应用药学，2012，29(12)：1073-1077.

［40］　Yang C，Chen Y，Tsai Y，et al. *Toona sinensis* leaf aqueous extract displays activity against sepsis in both in vitro and in vivo models[J]. Kaohsiung J. Med. Sci.，2014，30(6)：279-285.

［41］　Hsiang C，Hseu Y，Chang Y，et al. *Toona sinensis* and its major bioactive compound gallic acid inhibit LPS-induced inflammation in nuclear factor-κB transgenic mice as evaluated by in vivo bioluminescence imaging[J]. Food Chem. 2013，136(2)：426-434.

［42］　Su Y，Yang Y，Hsu H，et al. *Toona sinensis* leaf extract has antinociceptive effect comparable with non-steroidal anti-inflammatory agents in mouse writhing test[J]. BMC Complement Altern. Med.，2015，15：70.

［43］　Yu W，Chang C，Kuo T，et al. *Toona sinensis* roem leaf extracts improve antioxidant activity in the liver of rats under oxidative stress[J]. Food and Chemical Toxicology. 2012，50(6)：1860-1865.

［44］　Yang H，Chen S，Lin K，et al. Antioxidant activities of aqueous leaf extracts of *Toona sinensis* on free radical-induced endothelial cell damage[J]. Journal of Ethnopharmacology，2011，137(1)：669-680.

［45］　Hseu Y，Chang W，Chen C，et al. Antioxidant activities of *Toona sinensis* leaves extracts using different antioxidant models[J]. Food Chem. Toxicol.，2008，46(1)：105-114.

［46］　Chen G，Huang F，Lin Y，et al. Effects of water extract from anaerobic fermented *Toona sinensis* roemor on the expression of antioxidant enzymes in the Sprague-Dawley Rats[J]. J. Funct. Foods，2013，5(2)：773-780.

［47］　Whelan J，McTiernan A，Cooper N，et al. Incidence and survival of malignant bone sarcomas in England，1979—2007[J]. Int. J. Cancer，2012，131(4)：508-517.

［48］　Chen C，Li C，Tai I，et al. The fractionated *Toona sinensis* leaf extract induces apoptosis of human osteosarcoma cells and inhibits tumor growth in a murine xenograft model[J]. Integrative Cancer Therapies，2017，16(3)：397-405.

［49］　Chia Y，Rajbanshi R，Calhoun C，et al. Anti-neoplastic effects of gallic acid，a major component of *Toona sinensis* leaf extract，on oral squamous carcinoma cells [J]. Molecules，2010，15(11)：8377-8389.

［50］　Chang H，Hung W，Huang M，et al. Extract from the leaves of *Toona sinensis* roemor exerts potent antiproliferative effect on human lung cancer cells[J]. Am. J. Chin. Med.，

2002，30(2)：307-314.

[51] Yang H，Chang W，Chia Y，et al. *Toona sinensis* extracts induces apoptosis via reactive oxygen species in human premyelocytic leukemia cells[J]. Food Chem. Toxicol. ，2006，44(12)：1978-1988.

[52] Yang C，Huang Y，Wang C，et al. Antiproliferative effect of *Toona sinensis* leaf extract on non-small-cell lung cancer[J]. Transl. Res. ，2010，155(6)：305-314.

[53] Chen Y，Chien L，Huang B，et al. *Toona sinensis* (aqueous leaf extracts) induces through the generation of ROS and activation of intrinsic apoptotic pathways in human renal carcinoma cells [J]. J. Funct. Foods，2014，7：362-372.

[54] Wu J，Peng W，Yi J，et al. Chemical composition，antimicrobial activity against staphylococcus aureus and a pro-apoptotic effect in SGC-7901 of the essential oil from *Toona sinensis* (*A. Juss.*) Roem. leaves[J]. J. Ethnopharmacol，2014，154(1)：198-205.

[55] Mitsui K，Maejima M，Saito H，et al. Triterpenoids from *Cedrela sinensis* [J]. Tetrahedron，2005，61(44)：10569-10582.

[56] Liu D，Wang R，Xuan L，et al. Two mew apotirucallane-type triterpenoids from the pericarp of *Toona sinensis* and their ability to reduce oxidative stress in rat glomerular mesangial cells cultured under high-glucose conditions[J]. Molecules，2020，25(4)：801.

[57] Liu H，Huang W，Yu W，et al. *Toona sinensis* ameliorates insulin resistance via AMPK and PPARgamma pathways[J]. Food Funct. ，2015，6(6)：1855-1864.

[58] Wang P，Tsai M，Hsu C，et al. *Toona sinensis* roem (meliaceae) leaf extract alleviates hyperglycemia via altering adipose glucose transporter 4[J]. Food Chem. Toxicol. ，2008，46(7)：2554-2560.

[59] Hsieh T，Tsai Y，Liao M，et al. Anti-diabetic properties of non-polar *Toona sinensis* roem extract prepared by supercritical-CO$_2$ fluid[J]. Food Chem. Toxicol. ，2012，50(3)：779-789.

[60] Wang X，Li W，Kong D，et al. Ethanol extracts from *Toona sinensis* seeds alleviate diabetic peripheral neuropathy through inhibiting oxidative stress and regulating growth factor[J]. Indian J. Pharm. Sci. ，2016，78(3)：307-312.

[61] Fu Y，Xie Y，Guo J，et al. Limonoids from the fresh young leaves and buds of *Toona sinensis* and their potential neuroprotective effects[J]. J. Agric. Food Chem. ，2020，68(44)：12326-12335.

[62] Yan Y，Min Y，Min H，et al. Butanol soluble fraction of the water extract of Chinese toon fruit ameliorated focal brain ischemic insult in rats via inhibition of oxidative stress and inflammation[J]. J. Ethnopharmacol. ，2014，151(1)：176-182.

[63] Wang C，Tsai Y，Hsieh Y，et al. The aqueous extract from *Toona sinensis* leaves inhibits microglia-mediated neuroinflammation[J]. Kaohsiung Journal of Medical Sciences，2014，30(2)：73-81.

［64］ Liao J，Hsu C，Wang M，et al. Beneficial effect of *Toona sinensis* roemor on improving cognitive performance and brain degeneration in senescence-accelerated mice［J］. Brit. J. Nutr.，2006，96（2）：400-407.

［65］ Hseu Y，Chen S，Lin W，et al. *Toona sinensis*（leaf extracts）inhibit vascular endothelial growth factor（VEGF）-induced angiogenesis in vascular endothelial cells［J］. Journal of Ethnopharmacology，2011，134（1）：111-121.

［66］ Yu B，Yu W，Huang C，et al. *Toona sinensis* leaf aqueous extract improves the functions of sperm and testes via regulating testicular proteins in rats under oxidative stress［J］. Evid Based Complement Alternat. Med.，2012：681328.

［67］ Poon S，Leu S，Hsu H，et al. Regulatory mechanism of *Toona sinensis* on mouse leydig cell steroidogenesis［J］. Life Sci，2005，76（13）：1473-1487.

［68］ Drosten C，Günther S，Preiser W，et al. Identification of a novel coronavirus in patients with severe acute respiratory syndrome［J］. N Engl. J Med.，2003，348（20）：1967-1976.

［69］ Cinatl J，Morgenstern B，Bauer G，et al. Glycyrrhizin，an active component of liquorice roots，and replication of SARS-associated coronavirus［J］. Lancet.，2003，361（9374）：2045-2060.

［70］ Chen C，Michaelis M，Hsu H，et al. *Toona sinensis* roem tender leaf extract inhibits SARS coronavirus replication［J］. Journal of Ethnopharmacology，2008，120（1）：108-111.

［71］ You H，Chen C，Eng H，et al. The effectiveness and mechanism of *Toona sinensis* extract inhibit attachment of pandemic influenza A（H1N1）virus［J］. Evid Based Complement Alternat. Med.，2013：479718.

［72］ Yuk H，Lee Y，Ryu H，et al. Effects of *Toona sinensis* leaf extract and its chemical constituents on xanthine oxidase activity and serum *uric Acid* levels in potassium oxonate-induced hyperuricemic rats［J］. Molecules，2018，23（12）：3254.

［73］ Chen Y，Liang Y，Huang Y，et al. Mechanism of *Toona sinensis*-stimulated adrenal steroidogenesis in primary rat adrenal cells［J］. J. Funct. Foods，2015，14：318-323.

［74］ Fan S，Chen H，Wang C，et al. *Toona sinensis* roem（meliaceae）leaf extract alleviates liver fibrosis via reducing TGFβ1 and collagen［J］. Food Chem. Toxicol.，2007，45（11）：2228-2236.

［75］ 王浩宇. 香椿特征性香气成分前体物含硫寡肽的纯化与结构鉴定［D］. 天津：天津科技大学，2016.

［76］ Hsu C，Huang P，Chen C，et al. Tangy scent in *Toona sinensis*（meliaceae）leaflets：isolation，functional characterization，and regulation of TsTPS1 and TsTPS2，two key terpene synthase genes in the biosynthesis of the scent compound［J］. Current Pharmaceutical Biotechnology，2012，13（15）：2721-2732.

［77］ 巩志勇，辛建华，商小雨，等. 盐碱胁迫下香椿幼苗光合及抗逆生理特性［J］. 西北植物学

报,2021,41(7):1199-1209.

[78] 姚侠妹,偶春,王群群,等.盐胁迫对香椿幼苗生长和光合特性的影响[J].阜阳师范学院学报(自然科学版),2019,36(1):36-39.

[79] 隋娟娟,邓红祥,杨京霞,等.香椿 TsCAD1 基因的克隆与非生物胁迫下的表达特性[J].基因组学与应用生物学,2019,38(10):4617-4625.

[80] Yang H,Kuo Y,Vudhya G Y,et al. The leaf extracts of *Toona sinensis* and fermented culture broths of Antrodia camphorata synergistically cause apoptotic cell death in promyelocytic leukemia cells[J]. Integrative Cancer Therapies,2020.

[81] Zhen H,Zhang Y,Fang Z,et al. *Toona sinensis* and moschus decoction induced cell cycle arrest in human cervical carcinoma hela cells[J]. Evid Based Complement Alternat. Med. ,2014.

[82] Wang C,Lin K,Yang C,et al. *Toona sinensis* extracts induced cell cycle arrest and apoptosis in the human lung large cell carcinoma[J]. Kaohsiung Journal of Medical Sciences,2010,26(2):68-75.

[83] Yang H,Huang P,Liu Y,et al. *Toona sinensis* inhibits LPS-induced inflammation and migration in vascular smooth muscle cells via suppression of reactive oxygen species and NF-κB signaling pathway[J]. Oxidative Medicine and Cellular Longevity,2014:901315.

[84] 张园园,黄婷婷,卢悦,等.香椿叶提取物对高脂大鼠视网膜组织保护作用的研究[J].眼科新进展,2018,38(4):329-333.

[85] Zhuang W,Chen C,Ma Y,et al. Polyphenols from *Toona sinensis* seeds alleviate neuroinflammation in rats with Parkinson's disease via inhibiting p38MAPK signaling pathway[J]. Chinese Journal of Cellular and Molecular Immunology Abbreviation,2019,35(9):794-799.

第八章　太和香椿的生物组学研究

第一节　香椿的基因组测序

为破解太和香椿"基因密码",阜阳师范大学抗衰老中草药工程技术中心屈长青教授课题组与华大基因、中国林科院亚林所、天津科大及太和苗圃等多家单位研究人员合作,获得了首个香椿基因组。这也是首次完成香椿全基因组测序工作。

相关研究成果以论文"Long read sequencing of Toona sinensis（A. Juss）Roem：A chromosome－level reference genome for the family Meliaceae"形式发表在生物学领域 TOP 期刊《Molecular Ecology Resources》上。阜阳师范大学为该论文第一完成单位,屈长青为通讯作者。

香椿基因组是目前楝科植物中首个报道的染色体水平级别的基因组。该项研究揭示了香椿基因组组成和进化关系及香椿萜类物质生物合成的相关途径,为风味化合物的形成机制研究提供基因组资源。

通过香椿全基因组测序,研究人员可以更进一步挖掘调控香椿优良品质的调控基因。该研究成果为香椿分子育种、品质提升和后期优良香椿品种的推广提供了理论基础。

太和县林业局高级工程师、课题组成员王国枢,长期从事香椿等乡土树种的育种、栽培和综合利用技术研究。他认为,香椿基因组的测序工作,揭示了香椿遗传多样性的内在机制,对香椿育种、有害生物防治和产业发展等都有重要意义。

以下简要介绍文章内容,重点展示研究结果,以飨读者。

一、简介

香椿是一种可食用的木本植物。本种属于苦楝科,广泛分布于中国中部和东南亚地区。香椿在中国和马来西亚已经作为树木和食物来源栽培了 2000 多年。香椿幼嫩的叶子可食用,营养丰富,具有独特而珍贵的香味。香椿也被广泛用于传统中药。它是一种具有抗炎、收敛和消炎作用的中草药,用于治疗尿路感染、肠炎、痢疾、白带病和皮肤瘙痒。最近,香椿叶和树皮的提取物主要包括萜类、苯丙素和黄酮类化合物,已被确定具有生物活性,具有抗肿瘤、降血糖、抗氧化、抗炎、保肝、抗病毒和抗菌作用。此外,香椿也被称为具有高质量木材的树种。

2018 年,该团队在安徽省阜阳市太和县采集了黑油椿的生物组织(图 8-1),采用溴化十六烷基三甲铵(CTAB)法提取基因组 DNA(gDNA)。用 Nanodrop 2000 分光光度计(Thermo Fisher Scientific)和 Qubit 荧光光谱仪(Thermo Fisher Scientific)测定了 gDNA 的浓度和纯度,并在 0.8% 琼脂糖凝胶上评估 DNA 完整性。

(a) 树 　　(c) 芽和叶 　　(b) 叶 　　(d) 种子 　　(e) 树干

图 8-1　香椿的表型特征

二、香椿基因组的组装

该团队通过与华大基因公司合作,使用不同的测序平台构建多个基因组文库,总共生成了 194.50 Gb 的原始序列数据,包括 86.22 Gb 的 Nanopore 长 reads 和

108.28 Gb 的 Illumina HiSeq 短 reads。过滤后，分别从 Nanopore 和 HiSeq 获得 85.16 和 103.88 Gb。估计基因组大小为 559 Mb（基因组大小＝k－mer 数/峰深度），杂合度为 1.39%，使用 kmerfreq 并获得了 584 Mb 的基因组大小估计值，杂合性为 1.62%。Nanopore 长 reads 被用来产生一个初级基因组组装。经 Nanopore 长 reads 自校正和 HiSeq 短 reads 优化后，获得了香椿的参考基因组，其中包含 789 个重叠群，N50 长度为 1525641 bp，总长度为 596347886 bp（表 8-1，图 8-2）。组装的基因组略大于估计的基因组大小（559～585 Mb），这可能是由于高杂合性（1.62%）。对基因组的评价表明，总共有 1 375 个 BUSCOs 组装完成，完整率为 97.5%，片段化率为 0.6%，缺失率为 1.9%。

表 8-1 组装基因组的特征

基因组组装	数值
总基因组大小（bp）	596347886
病毒复制体 N50（bp）	1525641
连接蛋白 N90（bp）	504523
重组蛋白编号	789
虚拟染色体长度（bp）	596664386
虚拟染色体 N50（bp）	21547656
虚拟染色体数目	28
锚定速率	99.95%
BUSCO 评估	C：97.5%（s：56.0%，d：41.5%）；F：0.6%；m：1.9%；n：1375

注：锚定速率是指支架到伪染色体中的重叠序列的百分比。C 表示完整 BUSCOs；d 表示完整复制 BUSCOs；F 表示碎片 BUSCOs；m 表示缺失 BUSCOs；n 表示完整单拷贝 BUSCOs。

三、使用 Hi-C 构建虚拟染色体

从 Illumina 测序平台共获得 84.72 Gb 的原始数据。将 69.26 Gb clean Hi-C reads 以 27.77% 的全局映射比率，映射到组装的基因组。重复去除、分选和质量评估后，最终有效率为 96%。最终，596347886 bp（占整个组装基因组的 99.95%）被锚定在 28 个染色体组上，其支架 N50 为 21547656 bp。

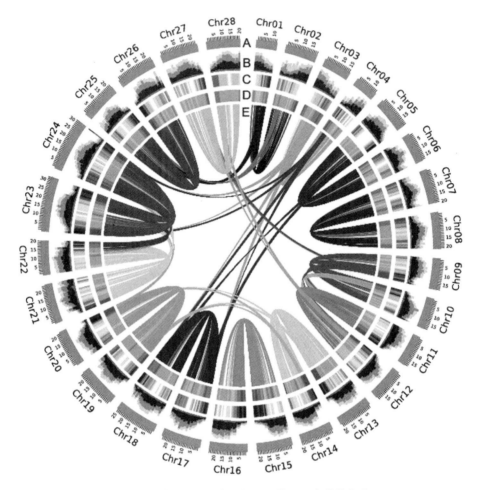

图 8-2　香椿基因组的全局视图和基因组内的共线关系

A:染色体带;B:TEs 的分布(红色表示 DNA TEs,深橙色表示 Ty3-gypsy LTR-RTs,橙色表示 Ty1-copia LTR-RTs,黄色表示未分类 LTR-RTs);C:基因密度;D:GC 分布;E:种内共线性

四、进化分析

共有 14126 个基因家族,包含 27182 个基因,在香椿基因组中进行了聚类分析。中华柑橘(C. sinensis)、苹果(M. domestica)和毛果杨(P. trichocarpa)共同拥有 10065 个基因家族。利用来自 573 个单拷贝基因家族的蛋白质序列构建系统发生树,并利用 MCMCTRE 估计分歧时间(图 8-3)。香椿和拟南芥(A. thaliana)之间的分歧时间约为 95.7 Mya,香椿和毛果杨分歧时间为约 101.0 Mya(图 8-3)。

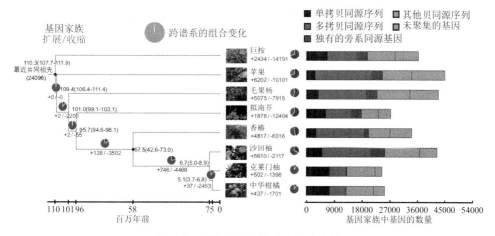

图 8-3　香椿基因组的系统发育分析

五、结论

通过构建了香椿染色体水平基因组,计算其长度为 596.35 Mb,重叠群 N50 为 1525641 bp。总共 99.95％的组装序列被分配到 28 个假想染色体,支架 N50 为 21547656 bp。基因组被很好地注释以产生重复序列,蛋白质编码基因和 ncRNAs, 为今后的分子育种工作提供了基因组资源,也为更广泛的进化研究提供了信息。

参 考 文 献

［1］　Ji Y T, Xiu Z H, Chen C H, et al. Long read sequencing of Toona sinensis (A. Juss) Roem: a chromosome-level reference genome for the Meliaceae family[J]. Molecular Ecology Resources, 2021, 21(4): 1243-1255.

［2］　Castellano L, De Correa R S, Martínez E, et al. Oleanane triterpenoids from cedrela montana (Meliaceae)[J]. Zeitschrift für Naturforschung C, 2002, 57: 575-578.

［3］　Edmonds J M, Staniforth M. *Toona sinensis* (meliaceae)[J]. Curtis's Botanical Magazine, 1998, 15: 186-193.

［4］　Park J C, Yu Y B, Lee J H, et al. Phenolic compounds from the rachis of *Cedrela sinensis* [J]. Korean Journal of Pharmacognosy, 1996, 27: 219-223.

［5］　Liao J W, Chung Y C, Yeh J Y, et al. Safetyevaluation of water extracts of *Toona sinensis* roemor leaf[J]. Food and Chemical Toxicology, 2007, 45: 1393-1399.

［6］ Li G C,Yu X X,Liao R F,et al. Chemical constituents of the bark of *Toona sinensis*［J］. Chinese Journal of Hospital Pharmacy,2006, 26:949-952.

［7］ Xien W C. Assembly of Chinese herbs［J］. People's Medical Publishing House,1996(2): 459-460.

［8］ Peng W,Liu Y,Hu M,et al. *Toona sinensis*:a comprehensive review on its traditional usages, phytochemisty, pharmacology and toxicology［J］. Revista Brasileira de Farmacognosia,2018,29: 111-124.

第九章 太和县香椿产业现状及发展前景探讨

据考证,香椿在我国已有 4000 余年的栽培历史,被民间奉为"树上蔬菜",深受大众喜欢。无论是古代帝王还是达官显贵,都奉香椿为"神物",体现了其极高的食用价值和药用价值。即便到了现在,人们越来越崇尚健康饮食,注重绿色无公害食品,而从香椿的栽培护理过程可以看出其完全符合目前国人的需求定位,市场前景非常广阔。自古以来,香椿受到人们的欢迎,不仅因为它巨大的食用价值、药用价值和经济价值,而且还因为它的种植和护理非常简单,香椿的环境适应能力非常强。另外,由于在种植过程中不需要化肥农药,这种纯天然的拥有极高营养价值的绿色蔬菜,已成为国人在春季享受的一道美味菜品,并且畅销东南亚等地。

随着经济全球化的推进,我国企业主动参与国际竞争,为经济的发展带来新的增长点,但是同时也面临着各种挑战。农业作为国民经济的基础,长期以来,活跃农村经济一直是国家工作的重要组成部分。下面将结合香椿的营养价值,结合相关市场现状,对香椿的市场前景进行简单分析,并提出建议。

一、太和县香椿产业现状

(一)生产经营目标不明晰,管理粗放

在栽培利用上,多数种植户没有明确经营类型,搞不清楚香椿材用型、食用型以及药用型培育的目的及技术要求,导致食用型树树势过高,增加了后期采椿芽时的劳动量,以及很多香椿树缺乏抚育措施,造成品种老化、椿芽品质退化、林分产量低、林分更新不及时、树木死亡等。

(二)良种栽培意识不强,品种保护和利用不力

太和县香椿品种以太和黑油椿、太和红油椿、太和青油椿为优良品种,但由于缺乏对良种足够的重视,香椿优良品种未能得到及时有效的保护与推广,没有建立林木种苗及栽植以及相关产业的技术标准,致使在育苗、经营、造林以及产品深加

工等方面技术规程的利用良莠不齐,严重影响了太和香椿种苗、林木及深加工产品的质量和发展。

(三)新科技研究推广应用有限

主要表现在:缺乏香椿产业研发机构支撑,新技术新材料、新工艺在香椿高效栽培应用上较少;科技含量不高,缺乏标准化的栽培管理体系。科技研发与成果转化效率较低,新品种、新技术不能有效地创新与推广应用,资源质量和效益均得不到有效提升。

(四)科技投入及产业开发力度不够

现有资源未能得到及时开发利用,生产科研基地、采穗圃、种质资源保存圃没有得到有效发展,特别是香椿加工利用方面,目前仅停留在粗加工上,深加工产品单一,产品研发后劲不足。

二、太和县香椿产业发展前景探讨

针对太和香椿产业现状,笔者试图提出以下产业发展对策。

(一)成立相关产业研发机构

以高校和科研院所为技术支撑,组织太和县从事香椿相关产业的科技人员、企业家,成立太和香椿产业研究所,以其为平台进行香椿产业有关的科学研究和产品研发等。香椿芽作为香椿最主要的食用部分,其生产容易受到季节的影响,采收季在春季且时间短。因此,对菜用香椿的研究多集中于改良传统的栽培方式方面。利用香椿种子萌芽形成植株的方式可以打破传统方式中的季节限制,周期短且效益好。在菜用香椿的选育上,多把矮化、多芽、耐采,营养价值高以及口感好作为主要的选育目标。

太和县香椿良种有太和黑油椿、太和红油椿、太和青油椿,通过良种审定后,应对其在用材、食用、医药保健、科研等方面开展挖掘、创新与推广,使太和香椿真正走向全国、走向世界。

(二)建立太和县香椿林草种质资源库

习近平总书记说过:"一粒种子可以改变一个世界,一项技术能够创造一个奇迹;要下决心把民族种业搞上去,抓紧培育具有自立知识产权的优良品种。"林木种质资源是重要的战略生物资源,生物多样性基础,具有经济、生态、社会和文化等多种功能。保护林木种质资源是践行绿水青山就是金山银山理念,实现森林资源可持续健康发展的重要基础,关系到国家利益、国家安全和社会经济的可持续发展,也是人类社会可持续发展的根本。林木种质资源在产业中具有重要的应用潜力,国内外高度关注对特色植物的收集保存,通过制定合理的种质资源保护策略,对加强生物多样性的保护、维持和可持续利用,促进国民经济发展和社会稳定均具有重要意义。

原太和县国有苗圃是安徽省太和香椿良种基地(安徽省 15 个林木良种基地之一),技术力量雄厚,位于太和香椿分布中心,多年来一直从事太和香椿良种的育苗、育种等科研工作。2015 年至 2019 年与安徽省林科院合作成功,顺利通过了太和黑油椿、太和红油椿、太和青油椿的省级良种审定,此项工作为太和县香椿产业以及太和县经济的发展做出了很大的贡献。圃内建有香椿采穗圃、香椿良种繁育基地、黑油椿选育基地、种质资源收集基地。2020 年由于单位改企,在职职工顺利进行了转岗,改企后的太和香椿良种繁育基地理顺了与市场的关系,加强了技术力量和生产管理,正以崭新的姿态迎接新的未来。

建立太和香椿种质资源原地保存基地,太和县沙颍河国家湿地公园全长为13.5 km,总面积为 812 公顷,位于太和香椿栽培分布中心地带,优良的立地条件和适宜的小气候使这里的香椿品质为全县之冠。园区内香椿种质资源丰富,栽植香椿 2 万多株,林龄结构为:成熟林(16 年以上)占 45%,中龄林(6～15 年)占30%,幼龄林(1～5 年)占 25%,林龄结构科学合理,为适应产业的发展,品种结构以太和黑油椿为主。近几年园区内没有营造香椿林,缺少对低产林的更新;区域内香椿分布不均,很多宜林地没有种植香椿;品种结构比例失衡。经调查:园区内青椿、黄罗伞、米尔红、柴狗子、红毛椿、青毛椿等品种占比太小,不到总量的 1%,不利于太和香椿种质资源的保护与开发。保育区内香椿林分缺少抚育。因此,可建立太和香椿资源原地保存基地,利用沙颍河湿地公园生态修复的机会,增加太和香椿在该区域林木所占比重;品种结构应以种质资源保护为主,兼顾经济效益,太和黑油椿、太和红油椿、太和青油椿各占 20%;青椿、黄罗伞、米尔红、柴狗子、红毛椿、青毛椿各占 4%～5%。

规划一定的区域,引进全国各地的香椿品种,促使太和县沙颍河内丰富的香椿种质资源和原太和县苗圃的太和香椿育苗育种基地有机地结合起来,共建功能更加完善、规模更大,集生产经营、教学、科研、旅游观光为一体的香椿林草种质资源库。讲好香椿故事,打造好香椿名片。提高太和香椿以及太和县沙颍河国家湿地公园的知名度。

(三) 修订太和香椿育苗与高效栽培技术规程

2002 年,太和县有关单位制定了香椿采种育苗—栽培采芽腌制等技术规程。

随着形势发展,原有的技术规程已明显不能适应新技术生产要求,需要制定新的香椿高效栽培技术规程,形成统一的高效栽培技术标准。特别是要加快建立香椿优良品种集约经营及矮化丰产栽培示范区,推广利用香椿品种优化和矮化密植新技术,以达到高产高质高效。

(四) 加强综合开发利用

香椿用途广泛,利用率高。椿芽和香椿嫩叶,入口清新、香浓,以香椿为食材加工的系列产品是一道道独具特色的美味。香椿种子,油脂多,香味浓,含维生素 E,可增强机体免疫力,是补阳滋阴和保健美容的上好食品。

香椿材质好,木材呈黄褐色且有红色环带,纹理美丽,质坚硬,有光泽,耐腐力强,不翘不裂,不变形,易加工,是制作高档家具、室内装饰品及造船的优良木材,素有"中国桃花心木"之美誉。因此营造香椿用材林、培育大径材也是发展方向之一。

太和县以椿芽、椿叶、种子为食材和木材等产品加工开发进展缓慢,有待以市场为导向,利用现代科技、生产工艺进行创新,研发新的产品。如香椿的叶和种子可加工成其他多种形式的食品品种(调味品、香精、食用酱油等)。

(五) 加大资金扶持力度

因地制宜是实现产业化最基本的前提。首先,一定要综合评估气候、土壤、温度等方面。其次,政府层面需要加大对香椿种植基础设施的投入,涉及水、电、沟渠、种子等,需要政策倾斜和补助,调动农民参与种植的积极性。最后,还可引入社会资金,加强相关基础设施的建设,解决资金短缺的实际情况。

在明确研发主题、稳定研发队伍的基础上,积极争取多方面配套资金。以政府投资为主体,增加对香椿林木育种工作的投入,加大落实良种推广补贴政策,持续推进香椿的育苗育种和相关产业的研发工作。积极组织科研、教学、生产建设等有关单位紧密合作,联合攻关,把引、选、繁、育、推广等有机结合起来,编制可行的发展规划目标,加速科研成果转化,探索出一套高效栽培技术配套措施。积极鼓励引进社会资金参与香椿基地建设、产品开发,使其规模化、产业化,打造具有地方特色的香椿名片,为实现农民增收、脱贫致富、促进地方经济发展做出贡献。

(六) 培养香椿种植的专业人才,提高香椿良品率

农业的发展需要专业人才的辅助,目前多数村民并不具备专业的种植技能,科学种植技术并未得到真正推广,人才短缺是造成这一现象的重要原因。专业人才不仅可以帮助村民在种植过程中采用最新的种植技术,提高种植效率和良品率,还能给村民带来先进的生产经营管理模式,有利于种植基地的科学运营和建设。

（七）产销脱节,突破深加工和市场营销瓶颈

香椿加工的附加值低,产业化水平落后,这是我国农产品加工的现实背景。产业化不仅是指原始香椿采摘,而且还包括对香椿的后续深加工过程,同时还包括投放市场等运作行为,整个生态链条能够深度融合,才能称为真正的产业化。

首先,目前香椿的规模种植虽然有了一定的发展,但是对于市场需求的把握仍然不够全面,特别是某些个体种植业者,对市场前景的把控不准确,经济效益的扩大难度很大。所以,认清行业形势和市场前景,实现香椿种植产业化是非常必要的。就目前而言,香椿的产品形态还是以腌制品和罐头为主,主要还是从食用层面提升香椿的附加值,但是随着人们对绿色食品的要求越来越高,对养生食品越来越看重,这限制了市场拓展的可能性,营销思维的限制也不利于对香椿进行深度开发。据前文所述,香椿除了食用价值以外,还具有极高的药用价值,而在这点上,很多企业并没有真正涉足,这块市场是空白的,开发价值非常大,也符合目前大众普遍的养生观念。

其次,要实现香椿种植产业化,还需要着重发力的就是市场营销层面。我国正在大力发展农村电商,刺激农村消费,在农村地区进行精准扶贫,因地制宜发展特色林业经济,为香椿种植带来了政策红利。互联网经济的发展,正改变着供求双方的交易形态,扩大了消费者的选择面,也让远在乡村的土特产商品信息能够更快速地展示在消费者面前。而实现商品的快速流通,需要搭建农村电商平台和物流体系,从而使整个供应链上下游的企业都能够实现信息互通和分享。

彩　图

（a）顶芽

（b）树干

（c）果实

图 1-1　太和黑油椿

（a）顶芽

（b）果实

图 1-2　太和红油椿

（a）顶芽　　　　　　　　　　　（b）果实

图 1-3　太和青油椿

（a）顶芽　　　　　　　　　（b）果实

图 1-4　太和青椿

（a）顶芽　　　　　　　　　（b）果实

图 1-5　太和黄罗伞

（a）顶芽　　　　　　　　　（b）果实

图 1-6　太和米尔红

图 1-7　太和柴狗子

图 1-8　太和红毛椿

（a）顶芽　　　　　　　　　　（b）嫩枝

图 1-9　太和青毛椿

(a) 树

(b) 叶　　　　　　　　　　(c) 芽和叶

(d) 种子　　　　　　　　　(e) 树干

图 8-1　香椿的表型特征

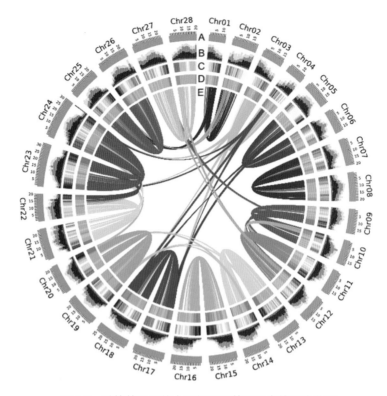

图 8-2 香椿基因组的全局视图和基因组内的同线关系

A：染色体带。B：TEs 的分布（红色表示 DNA TEs，深橙色表示 Ty3-gypsy LTR-RTs，橙色表示 Ty1-copia LTR-RTs，黄色表示未分类 LTR-RTs）；C：基因密度；D：GC 分布；E：种内共线性。

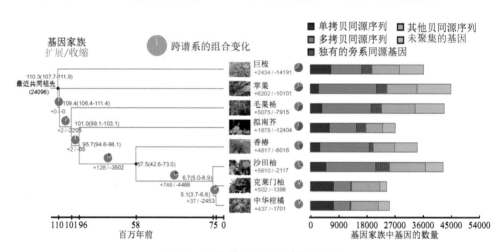

图 8-3 香椿基因组的系统发育分析

注：8 个物种的系统发育关系。节点标签代表节点年龄，基因家族的扩展/收缩如饼图所示。直方图中显示了每个物种中不同类别的基因家族簇的计数。